Der

Naturfreund,

oder:

erster Unterricht

in

der Sternkunde und Naturlehre.

Ein Schul- und Hausbuch

in katechetischer Form,

von

Ferdinand Müller.

Dritte Ausgabe.

Mit einer Steindrucktafel.

Berlin,
bei G. Reimer.
1839.

Dem

verdienstvollen Greise

seinem

verehrungswürdigen Lehrer

und

Vorbild im Wirken

dem Herrn

Chr. Friedrich Kittel

Lehrer in Kottbus

widmet

diese Schrift

unter Empfindungen inniger Hochachtung und Dankbarkeit

der Verfasser.

Vorrede
zur ersten Auflage.

Die Erfahrung hat es genugsam bewiesen, daß die redlichsten Bemühungen einsichtsvoller Gelehrten und Jugendbildner: dem durch mangelhaften oder wohl gar gänzlich vernachlässigten Unterricht in der Naturlehre herbeigeführten Aberglauben und vorurtheilsvollen Irrwahn Schranken zu setzen, immer noch nicht erfolgreich wirken konnten. Die Unkunde der Ursachen und Wirkungen gewöhnlicher oder seltener Naturereignisse verleitet noch immer so Viele, die schädlichsten und lächerlichsten Folgerungen aus denselben zu ziehen, deren einzelne Eigenthümlichkeiten zu bekannt sind, als daß sie hier wiederholt zu werden brauchen. Der Grund zu dieser beklagenswerthen Nichterreichung des Zweckes lag wohl nicht in den Schriften jener Männer, sondern wohl nur eben in dem fehlerhaften oder ganz versäumten Unterricht.

Abgerechnet den großen Nutzen, den ein zweckmäßiger Vortrag dieser Wissenschaft auf die Vernichtung jener den

Zeitgeist unserer Tage schändenden Thorheiten äußert, so übet er auch einen höchst wichtigen Einfluß auf die Geistesbildung der Jugend in so fern aus, als dadurch das kindliche Gemüth, statt im Finstern zu tappen, zur klaren Anschauung der Natur, und somit auch zu einer kräftig beweisenden Ueberzeugung gelangt, daß der allgütige Regierer des von ihm erschaffenen Weltalls, der ja die reinste Liebe und Gnade ist; dessen unendliche Güte selbst im niederschmetternden Blitzstrahl sich offenbart; dessen allwaltende Vorsicht der verzagenden Seele des Menschen auf dem sturmbewegten Lebensmeere die rettende Hand reicht; dessen höchste Weisheit auch dem unbedeutendsten Wurme seine Lebensbahn vorschreibt; daß also dieser ewige Vater selbst in der Verhüllung oft furchtbar erscheinender Ereignisse uns kurzsichtigen Geschöpfen aus unermeßlicher Liebe zu uns die Fülle seiner Wohlthaten spendet, auch wenn wir in unserem Dünkel häufig meinen, mehr Schaden als Nutzen durch solche im Augenblick zerstörend wirkende Begebenheiten der Natur zu erfahren.

Die genauere Bekanntschaft mit den Ursachen der mancherlei Naturerscheinungen läßt den staunenden Neuling überall die weise ordnende Hand des Weltregierers ahnen und erweckt in ihm den Entschluß, in seinem kleinen Wirkungskreise ebenfalls nach Gesetzen der Ordnung thätig zu sein. Sie lehrt ferner dem Künstler, Handwerker, ja auch dem gewöhnlichen Handarbeiter mancherlei Vortheile und

Erleichterungsmittel für sein Geschäft kennen und nutzbar anwenden.

So nöthig und wünschenswerth aber ein verbreiteter Unterricht dieser Art für Volksschulen bleibt, eben so schwierig ist er auch für den Lehrer, der nicht mit Oberflächlichkeit und Verdrossenheit, sondern vielmehr mit Gewissenhaftigkeit und Liebe sein Geschäft betreibt — woraus allein der Segen quillt, der seinen Mühen folgen kann — ohne dabei die Grenzen des Elementarunterrichts zu überschreiten, d. h. diesen Stoff auf Kosten anderer dem Schüler eben so nöthigen Lehrzweige zu weitschweifig und rein gelehrt vortragen zu wollen. Der Lehrer darf jedoch, will er anders diesen Erfordernissen nachkommen, deßhalb kein Fremdling in der Sache sein, und nicht versäumen, um seinen Unterricht in der Naturlehre den Kindern möglichst anziehend und eindringlich zu machen, die dazu geeigneten wichtigsten Gegenstände, die er nach Anleitung dieses Buches vorträgt, theils durch kleine Experimente und theils durch Figuren, die er an die Schultafel zeichnet, zu erklären.

Der Verfasser dieses Büchleins beabsichtigte mit der Herausgabe desselben keineswegs eine bloße Vermehrung der Schriften dieser Art; noch weniger wollte er mit der Bekanntmachung seiner weiter unten mitgetheilten Unterrichts-Methode eine neue Aufgabe gelös't haben: sondern er bezweckte hierbei, Schülern und Allen, welche ohne höhere Gelehrsamkeit aus dem sie umgebenden Dunkel der Unwissenheit in diesem Fache befreit zu werden trachten, in diesem Büchlein einen freundlichen Führer dazu anzubieten, der zwar schmucklos und einfach ist, aber sicher zum Ziele führt; Lehrern sollte sein Büchlein in so fern nützen, als es in einer Form geschrieben wurde, deren Anwendung den Verfasser in seiner eigenen Schule mit dem schönsten Erfolg erfreute. Es sei ihm hier vergönnt, die Art und Weise, wie er in seiner Schule diesen Gegenstand zu behandeln pflegt, in der Kürze anzuführen.

Ohne daß nämlich die Naturlehre zu einem stehenden Artikel im Stundenplane gemacht ist, wechselt der Vortrag derselben vielmehr mit andern gemeinnützigen Kenntnissen ab, z. B. Erdbeschreibung, Geschichte u. s. w., so daß, wenn der bestimmte Kursus des einen dieser Gegenstände beendigt ist, ein anderer an dessen Stelle tritt; denn wie sollte, ohne Wirrwarr und Unvollständigkeit herbeizuführen, der Lehrer Zeit genug haben, alles auf einmal oder durch einander abzuhandeln? Es versteht sich von selbst, daß auf diese Art eine beträchtliche Zwischenzeit eintreten muß, welche zur Anschauung während dieser Zeit sich etwa zeigender Naturerscheinungen benutzt werden kann. Nimmt nun der Verfasser dergleichen wahr, z. B. einen Regenbogen, den Schnee, den Fensterschweiß u. s. w., so macht er seine Schüler immer, wenn es anders die Umstände erlauben, darauf aufmerksam, läßt die eigenthümlichen Merkmale der vorhandenen Erscheinungen angeben, und erklärt diese, so weit es bis jetzt für ihr Verständniß zureicht, mit der Weisung, daß ihnen in der Naturlehre das Weitere darüber aus einander gesetzt werden wird. Ferner hält er sie an, auf Alles, was ihnen in dieser Hinsicht auch außer der Schule vorkommen sollte, zu achten und ihm ihre Bemerkungen mitzutheilen. Oft wurde ihm dadurch schon das Vergnügen zu Theil, ein begieriges Forschen nach Ursache und Wirkung an seinen Schülern zu bemerken, und es bedarf wohl keiner Erwähnung, daß nach solcher Vorbereitung beim Unterrichte in der Naturlehre selbst, nur an das Bekannte erinnert werden darf.

Vorliegendes Werkchen ist in Fragen und Antworten abgefaßt; aber man würde sich täuschen, wollte man in dieser katechetischen Form eine Einzwängung der freien Denkkraft und sklavische Vorschrift vermuthen. Denn sollen die Katechisationen, welcher Tendenz sie auch sein mögen, dem Schullehrer etwas nützen, „so muß er", wie der verewigte Dinter sich hierüber äußert: „drei Dinge mit in die Schule bringen: Sinn für die Sache, Licht im Verstande, Liebe zu den Kindern; nicht aber sind sie dazu da, daß sie der Lehrer in der Schule ablesen, und gerade dieselben Antworten erwarten soll. Materialien sollen sie liefern, das Nachdenken wecken und Methode lehren." Von diesem Gesichtspunkte aus ging auch der Verfasser, und nahm bei der Stellung dieser Form geflissentlich darauf Rücksicht, daß die Antworten auf die Fragen weniger den Worten, sondern von einem auf die Naturlehre vorbereiteten Schüler mehr dem Sinne nach erwartet werden müssen, und der Lehrer selbst beim Unterrichte den Stoff der schweren Fragen durch mehre Zwischenfragen in ihre besondern Theile leicht zergliedern und einüben wird, wozu für angehende Schulmänner dies Werkchen nicht selten Anleitung giebt.

Die Hinzufügung einer kurzen und faßlichen Erklärung des Kalenders schien dem Herausgeber nicht minder wichtig, weil nicht nur die ganze Einrichtung dieses unentbehrlichen Hausbuches von dem Wesen der Naturlehre durchaus abhängig und mit dieser Lehre aufs genauste verbunden ist, sondern auch deßhalb, weil noch so mancher Besitzer des Kalenders die darin enthaltenen Zeit- und anderen Bestimmungen, so wie die vielerlei Figuren und Zeichen nicht versteht, und ihm daher der wahre Nutzen desselben großentheils fremd ist.

Nochmals erinnert der Verfasser, daß er bei Herausgabe dieser kleinen Schrift nur die wohlmeinende Absicht hatte, nicht bloß Lehrern einen Leitfaden, sondern auch Aeltern und Kindern ein unterhaltendes und lehrreiches Lesebuch in die Hände zu liefern. — Gott wolle diese geringe Arbeit nicht weniger mit seinem Segen begleiten, als die frühern Versuche des Herausgebers! Möge die höchste Weisheit des Weltenvaters es geschehen lassen, daß dieses Büchlein mit beitrage, immer mehr und mehr Freunde der Natur zu erwecken und zu bilden, worauf der gewählte Titel: „Naturfreund" hindeuten sollte! Möge es vorzüglich die Jugend schon frühzeitig einweihen helfen in die Wunder der Allmacht und Weisheit, damit sie nächst der Erkenntniß des Schöpfers aus seinem heiligen Worte, denselben auch in seinen Werken finden lerne und den Grund des Glaubens und der Verehrung des höchsten Wesens in sich aufnehme. Die Erfüllung dieser Wünsche durch Gottes gnädige Hilfe würde der beste Lohn sein, um welchen der Verfasser arbeitete.

Riga, den 20. Februar 1834.

Der Verfasser.

Vorrede
zur zweiten Auflage.

Die Hoffnung, die der Verfasser dieser Schrift bei seiner mühevollen Arbeit hegte, seinen redlichen Willen: der Geistesbefangenheit solcher Stände zu steuern, welche aus Mangel an belehrenden und überzeugenden Hilfsmitteln den Wirkungen der Natur allerhand feindselige oder doch abgeschmackte, aber immer dem handhabenden Princip der alliebenden Vorsehung entgegenstehende Beziehungen auf die Schicksale der Erde und ihrer Bewohner beilegen, anerkannt und seinen Versuch nicht für ganz nutzlos gehalten zu sehen, ist eben so schön in Erfüllung gegangen. In wenigen Monaten war der erste Abdruck dieses Buches bereits vergriffen und die vielen Nachfragen machten eine neue Auflage nöthig. Mit Vergnügen gesteht der Verfasser diesen so überraschend-günstigen Erfolg großentheils den gütigen Unterstützungen und nachsichtsvollen Beurtheilungen mehrer der geachtetsten Gelehrten unserer deutsch-russischen Lande zu; und namentlich fühlt er sich zur innigsten Dankbarkeit verpflichtet dem Herrn Staatsrath und

Ritter, Professor Dr. Parrot in Dorpat, dessen wichtige Fingerzeige zur Verbesserung des Manuscripts wesentlich beitrugen.

Bei Gelegenheit des neuen Abdrucks fand der Verfasser für nöthig, hier und da einige Zusätze einzuschalten. Der dieser zweiten Auflage beigefügte besondere Anhang, welcher zwar mit dem eigentlichen Inhalte der Schrift in keiner Verbindung steht, dürfte aber doch wohl werth sein, daß Jeder sich mit seinen Lehren eifrig vertraut machte, der seine Geschäfte nutzreich betreiben und sein irdisches Glück begründen und befestigen will. Ohne Zweifel werden die aufgestellten Winke des Anhangs durch fleißiges Lesen desselben sich dem Gedächtnisse der Kinder immer tiefer einprägen, und so den Nutzen nicht verfehlen, bei jedem Anlasse dieselben leicht hervorrufen und fürs Leben anwendbar machen zu können.

Möge auch diesmal der Naturfreund so gütig aufgenommen werden, als das erste Mal! Möge der Segen des Höchsten dem geringen Versuche helfend zur Seite stehen, damit auch ferner der dabei beabsichtigte Zweck, das Meinungsdunkel einigermaßen aufzuhellen und dem Aberglauben zu steuern, nicht unerfüllt bleibe.

Riga, den 25. März 1835.

Der Verfasser.

Vorrede
zur dritten Auflage.

Die fortgesetzt gütige Aufnahme der zweiten Auflage des Naturfreundes rief auch diesen dritten Abdruck ins Leben, und der Verfasser nimmt hieran Gelegenheit, dem deutschen Publikum des russischen Reichs, namentlich in den Ostseeprovinzen, für welche er in den beiden ersten Auflagen zunächst schrieb, seinen wärmsten Dank für die freundliche Nachsicht auszusprechen, mit welcher dasselbe seinen Versuch begünstigte und seine wohlmeinende Absicht dabei mit dem öffentlichen Bedürfniß in Anklang zu bringen rechtfertigte.

Dem innern Triebe folgend, nützlich sein, und für die Erfüllung dieser wohl verzeihlichen Begierde einen möglichst ausgebreiteten Spielraum erringen zu wollen, fühlte sich der Verfasser bewogen, auch seinem deutschen Urvaterlande dieses Werkchen darzubieten; und wenn er es wagt, damit in die Reihe von Männern zu treten, die gleichen Stoff vor ihm, würdig und hochgediegen bearbeiteten, so möge ihn nicht allein der in den Vorreden der ersten und zweiten

Auflage bereits angedeutete Zweck dieser Schrift, der ihn mit andern Schriftstellern in diesem Zweige des Wissens gewiß gemeinschaftlich beseelte, nämlich: Licht und wahre Erkenntniß Gottes und seiner Werke immer mehr zu verbreiten, sondern auch der von ihm selbst durch mehrjährige praktische Erfahrung beim Unterricht als erfolgreich sich bewährende besondere Plan entschuldigen, der seiner Schrift als Richtschnur diente. Uebrigens unterliegt es wohl keinem Zweifel, daß auch in Deutschland noch häufig genug Befangenheit des Geistes im Erläutern der Naturereignisse zu finden ist, und es wird dem Verfasser, der sein angebornes Vaterland nie innig zu lieben aufhören wird, zur schönen Pflicht, auch aus der Entfernung zum intellectuellen Wohl desselben etwas beizutragen.

Um aber das Werkchen brauchbarer für das Publikum in Deutschland zu machen, als es in den ersten Auflagen rücksichtlich seiner nothwendig örtlichen Beziehungen auf die russischen Ostseeprovinzen, wo es zuerst erschien, geschehen konnte, war eine gänzliche Umarbeitung desselben erforderlich, um die darin gebrauchten Lokalverhältnisse und Ausdrücke gegen die in Deutschland allgemein üblichen zu vertauschen. Vorzüglich aber galt dies von den Abschnitten, in denen vom Kalender die Rede ist. Der Verfasser hat sich bemüht, diese nöthigen Abänderungen so unabhängig wie möglich von einer etwa zu befürchtenden Beschränkung der Haupttendenz des Inhalts oder einzelner Theile derselben zu machen.

Das Gewagte seines Schrittes gleichwohl erkennend, da ihm die Strenge der deutschen Kritik nicht fremd ist, so hofft er dennoch, ermuthigt durch den Beistand und die Anerkennung seines guten Willens von Seiten eines Parrot und anderer Männer vom Fach in den an solchen keineswegs armen Ostseeprovinzen, den gerechten Tadel der Kritik dankbar ehren wollend, dem verkennenden durch die nochmalige Erklärung zu begegnen, daß er nie Willens war, ein rein wissenschaftliches Werk, sondern vielmehr einen Fingerzeig für die Jugend und solche Erwachsene zu schreiben, welche dieses Unterrichtszweiges entweder nur halb, oder gar nicht sich zu erfreuen hatten.

Riga, den 24. März 1838.

Der Verfasser.

Erste Unterredung.

Lehrer. Sage mir, du Kleiner, wie nennst du den Tag, welchen wir heute haben? — morgen? — übermorgen? — wie den, welchen wir gestern hatten? — vorgestern? — wie viele solcher Tage kannst du nennen?

Schüler. Sieben.

L. Nenne sie!

Sch. Sonntag, Montag, Dinstag, Mittwoch, Donnerstag, Freitag, Sonnabend.*)

L. Welcher Tag kommt nach Dinstag? — nach Freitag? — nach Sonnabend? Welcher Tag kommt vor Sonntag? — vor Mittwoch? — vor Dinstag? — vor Montag? Wie nennt man denn eine Zeit von solchen 7 auf einander folgenden Tagen?

Sch. Eine Woche.

L. Sage du nun der Reihe nach noch einmal die 7 Tage der Woche! — Sage du sie nun rückwärts her! — — Mit welchem Tage fangen wir Christen also die Woche an? — Thun die Juden dies auch? — Warum behielten denn die Christen nicht den Sonnabend zum Ruhe- und

*) Die meisten dieser Namen der Wochentage stammen aus der alten Heidenzeit und ihrem Götzenthume her, und zwar: 1) der Sonntag ist genannt nach der Sonne; 2) der Montag zu Ehren des Mondes, welcher von den alten Deutschen Mon genannt wurde; 3) der Dinstag, vom Heidengott Odin (abgekürzt: Din), dem Kriegsgotte der alten Deutschen; 4) der Mittwoch oder die Mittwoche, weil dieser Tag der mittelste in der Woche ist; 5) der Donnerstag, vom Heidengott Thor, dem Donnergotte der alten Deutschen; 6) der Freitag, von Freia, der Göttinn der Ehe, welche an diesem Tage von Heiden verehrt wurde; 7) der Sonnabend, als Vorabend des Sonntags, welcher vom Sabbathstage der Israeliten herkommt.

Andachtstage bei? Warum nahmen sie den ersten Wochentag dazu an?

Sch. Weil dies der Auferstehungstag Jesu Christi war, und auch an diesem Tage der heilige Geist oder die Kenntnisse und Kräfte, welche zur Ausbreitung der Religion Jesu nöthig waren, den Aposteln zu Theil wurden.

L. Richtig. Die Türken — welche Religion haben diese doch?

Sch. Die muhamedanische, von ihrem Muhamed.

L. Wo wohnt der türkische Kaiser oder Sultan?

Sch. In Konstantinopel.

L. Merkt euch! die Muhamedaner fangen ihre Woche mit dem Freitage an. Doch, wir sprechen nur von unsern Wochentagen. Wie lang ist denn wohl ein Tag?

Sch. Die Tage sind nicht alle gleich lang.

L. Da hast du recht. Kannst du mir aber sagen, warum ein Tag länger, der andere kürzer ist?

Sch. Weil die Sonne bald früher, bald später auf- und untergeht.

L. Ja, so heißt es nach dem gewöhnlichen Sprachgebrauche. Geht aber die Sonne eigentlich auf? Wer weiß noch, was ich darüber gelehrt habe?

Sch. Die Sonne steht still an ihrem Platze im Himmelsraume; und die Erde dreht sich jeden Tag um sich selbst.

L. Man nennt diese Bewegung unserer Erde um sich selbst auch noch anders. Wie nennt man das Holz am Wagen, um welches das Rad sich immer herumdreht?

Sch. Die Achse.

L. Nun seht, so sagt man auch: die Erde dreht sich um ihre Achse, d. h. nicht um eine wirkliche Stange (die, wie durch den Mittelpunkt eines Rades, etwa auch durch die Erde geht), sondern nur um sich selbst, wie ungefähr ein Wagenrad beim Fortrollen sich um seine Achse dreht. Was wird nun dadurch, daß sich die Erde um ihre Achse dreht, hervorgebracht?

Sch. Die Abwechselung von Tag und Nacht.

L. Auf welcher Seite der Erde ist Tag?

Sch. Auf der Seite, welche der Sonne gerade zugekehrt ist.

L. Auf welcher Seite ist es Nacht?

Sch. Auf der, welche von der Sonne abgewandt ist und daher von derselben nicht beleuchtet werden kann.

L. Wenn wir uns draußen im Freien befinden, so kommt es uns vor, als ob der Himmel in einer gewissen Entfernung von unserm Auge die Erde berühre; hierdurch bildet er rund um uns einen Kreis, in dessen Mitte wir stehen. Weißt du (Erster) wie solcher Kreis genannt wird?

Sch. Der Gesichtskreis oder der Horizont, welcher um so größer ist, je höher wir stehen, und je freier und ungehinderter die Aussicht ist.

L. Warum wird dieser Kreis Gesichtskreis genannt?

Sch. Weil wir die jenseits desselben liegenden Theile der Erde und des Himmels nicht mehr sehen können.

L. Gut gemerkt. Wie nennt man diejenige Stelle am Himmel, wo die Sonne aufgeht?

Sch. Morgen oder Osten.

L. Wie nennt man diejenige Stelle am Himmel, wo die Sonne untergeht?

Sch. Abend oder Westen.

L. Wie nennt man Morgen oder Osten, Abend oder Westen mit einem gemeinschaftlichen Namen?

Sch. Weltgegenden (auch Himmelsgegenden).

L. Giebt es nur diese beiden?

Sch. Nein, es giebt vier Welt= oder Himmelsgegenden.

L. Wie heißen sie?

Sch. Morgen oder Osten, Abend oder Westen, Mittag oder Süden, Mitternacht oder Norden.

L. Wo ist für unsere Stadt Morgen, Abend, Mittag, Mitternacht? — Wann und wie können wir die Gegenden Süden und Norden genau unterscheiden?

Sch. Dies können wir zu jeder Jahreszeit um 12 Uhr Mittags, wenn wir dahin sehen, wo die Sonne steht. Man hat alsdann vor sich Süden oder Mittag, hinter sich Norden oder Mitternacht, zur linken Hand Osten oder Morgen und zur rechten Hand Westen oder Abend.

L. Wenn du dich einmal herumdrehen sollst, wie viel Zeit wirst du dazu brauchen?

Sch. Einen Augenblick.

L. Oder eine sehr kurze Zeit. Geht es aber mit dem Umdrehen der Erde eben so schnell?

Sch. Nein, sie braucht dazu 24 Stunden.

L. Und eine solche Zeit, von einer Mitternacht zur andern gerechnet, nennet man einen bürgerlichen Tag. Sage ich z. B. Ich bin 3, 8, 14 Tage krank gewesen, so verstehe ich 3, 8, 14 solcher Tage, wo also die Nachtzeit mit verstanden wird; denn wer 14 Tage krank ist, liegt auch zur Nachtzeit darnieder. Und wer ein ganzes Jahr gelebt hat, hat wieviel solcher Tage erlebt?

Sch. 365.

L. Sind es gerade 365 Tage?

Sch. Manchmal auch 366*).

L. Wie wird ein solches Jahr genannt? — Warum ein Schaltjahr? In welchen Monat wird dieser Tag eingeschaltet?

Sch. In den Monat Februar, der dann 29 Tage hat.

L. Wie oft kommt ein Schaltjahr?

Sch. Alle vier Jahre.

L. Wie macht man es, um zu erfahren, ob ein Jahr ein gemeines Jahr oder ein Schaltjahr sei?

Sch. Man dividirt die Jahreszahl, z. B. 1838 mit 4; dies giebt 459 und 2 bleibt übrig; wenn aber etwas übrig bleibt, so ist es ein gemeines Jahr von 365 Tagen; die übrig gebliebene Zahl zeigt zugleich, das wie vielste Jahr nach dem letzt verflossenen Schaltjahre es ist, hier also das 2te.

L. Was für ein Jahr ist nun 1840?

Sch. Ein Schaltjahr, denn mit 4 dividirt bleibt kein Rest übrig.

L. Wie viele Jahre lebt der Mensch wohl, wenn man ihn alt geworden nennt? Wie heißt der Spruch Psalm 90. Vers 10.

Sch. Unser Leben währt siebzig Jahre, und wenn's hoch kommt, so sind's achtzig Jahre.

L. Du, Kleiner, wird mancher Mensch wohl 100 Jahre alt?

Sch. Nein.

L. O ja; es kommen solche Fälle vor. Nach der biblischen Geschichte erreichten unter den Juden ein hohes Alter: Abraham, ein Mann von großer, entschlossener Seele und frommen Sinnes, erreichte ein Alter von 175 Jahren; sein Sohn Isaak, ein die Ruhe liebender, mäßiger, stiller Mann, 180 Jahre; Jakob, gleichfalls ein Freund des Friedens, 147 Jahre; Moses, ein Mann von großem Geiste, reich an Kraft und gegen Strapazen abgehärtet, lebte 120 Jahre; Josua, kriegerisch und immer thätig, 110 Jahre; Elisa, streng gegen sich und Andere,

*) Eigentlich 365 Tage, 5 Stunden, 48 Minuten und 48 Sekunden, denn so viel Zeit gebraucht die Erde zu ihrem Umlaufe um die Sonne.

Bequemlichkeiten und Reichthümer verachtend, über 100 Jahre. Ferner unter den alten Griechen soll Epimenides von Creta 157 Jahre alt geworden sein. Demokrit, ein Freund und Forscher der Natur, und dabei von guter Laune und heiterem Sinne, ward 109 Jahre alt. Unter den Römern verdienen folgende bemerkt zu werden: M. Valerius Corvinus, ein Mann von großem Muthe und großer Tapferkeit, wurde über 100 Jahre alt; der berühmte Orbilius, erst Soldat, dann Lehrer, aber immer noch mit militärischer Strenge, erreichte in dieser Lebensart ein Alter von 100 Jahren. Aber die außerordentlichsten Beispiele von langem Leben findet man unter den Menschenklassen, die bei körperlicher Arbeit und in freier Luft, ein einfaches, naturgemäßes Leben führen, unter Landleuten, Gärtnern, Soldaten und Matrosen. Nur in diesen Ständen erreicht der Mensch noch jetzt ein Alter von 140, ja von 150 Jahren. Im Jahre 1670 starb H. Jenkins in Yorkshire in seinem 169sten Jahre. Seine letzte Beschäftigung war Fischerei, und er konnte noch, als er schon weit über 100 Jahre alt war, in starken Strömen schwimmen. — Ihm kommt Th. Parre am nächsten, ebenfalls ein Engländer aus Schropshire. Er war ein armer Bauersmann und mußte sich mit seiner täglichen Arbeit ernähren. In seinem 152sten Jahre hörte man von ihm in London; der König wurde sehr begierig, diese Seltenheit zu sehen und er mußte sich auf den Weg machen. Dort wurde er so königlich bewirthet und auf einmal in ein so entgegengesetztes Leben versetzt, daß er bald darauf 1635 in London starb. Er war 152 Jahre und 9 Monate alt geworden und hatte 9 Könige von England erlebt. Bei seiner Zergliederung ergab es sich, daß er noch lange hätte leben können. Sein Körper war übrigens ganz mit Haaren bewachsen, so daß er einem Thierfelle glich. Bis 12 Jahre vor seinem Tode verrichtete er noch alle Arbeiten eines Landmannes. — Im Jahre 1757 starb zu Cornwallis J. Essingham im 144sten Jahre seines Alters. Er war von sehr armen Aeltern geboren und von Kindheit auf zur Arbeit gewöhnt, diente lange als Soldat und Korporal und als solcher auch in der Schlacht bei Höchstädt. Zuletzt kehrte er in seinen Geburtsort zurück und lebte als Taglöhner bis an sein Ende. Zu bemerken ist, daß er in seiner Jugend niemals hitzige und starke Getränke getrunken, immer sehr mäßig gelebt und nur selten Fleisch gegessen hat. Er wußte bis zu seinem 100sten

Jahre fast nicht, was Krankheit war und machte noch 8 Tage vor seinem Ende eine Reise von 3 Meilen. — Im Jahre 1792 starb im Holsteinischen ein gewisser Stender, ein arbeitsamer Bauersmann, im Alter von 103 Jahren. Seine Nahrung war beinahe nichts als Grütze und Buttermilch, äußerst selten aß er Fleisch. Durst hatte er fast niemals und trank daher sehr selten. Tabak rauchte er gern. Erst im Alter fing er an Thee und zuweilen Kaffee zu trinken. Die Zähne verlor er bald. Krank war er nie. Aergern konnte er sich gar nicht. Er vermied auch alle Gelegenheit zum Zank und Streit. Dafür aber hatte er ein desto größeres Vertrauen auf die Vorsehung und wußte sich dadurch in allen Uebeln und Unglücksfällen zu trösten und aufzurichten. Seine liebste Unterhaltung war immer: Gottes Güte. — Auch unter den Russen erreichen Viele eine hohes Alter. Unter den im Jahre 1807 Gestorbenen giebt es Manche, die 105, auch 116 bis 130, 140, ja sogar bis 151 Jahre alt geworden sind. Leben Thiere auch wohl so lange, als die Menschen? — Den meisten ist vom Schöpfer eine kürzere Lebensdauer gesetzt. Die Kuh, das Schaf, der Hund leben nicht leicht über 20 Jahre, der Esel wird 30, der Hirsch und das Pferd manchmal 40; die Kameele und besonders die Dromedare, die nur einen Höcker auf dem Rücken haben (sie können schwer beladen in einem Tage 15 und mehr Meilen gehen und 14 Tage ohne Wasser leben, indem sie sich Vorrath saufen), werden an 50 Jahre alt. Der Elephant, der bis zum 25sten Jahre wächst, und täglich 15 Meilen im Schritt machen kann, wird viel älter als der Mensch. Eben so muß der Wallfisch, dessen Rachen so groß ist, daß man, wenn das Thier getödtet ist, mit einem Kahn hineinfährt und 6 bis 8 Mann darin ungehindert hantiren können, sehr alt werden. Unter den Vögeln leben die Adler zum Theil über 100 Jahre. Wie nennt man eine Zeit von 100 Jahren mit einem Worte?

Sch. Ein Jahrhundert.

L. Wie viele Jahre gehören zu einem halben — zu einem Viertel — zu drei Viertel Jahrhundert?

Du, Kleiner, in welchem Jahrhunderte leben wir jetzt?

Sch. Im achtzehnten.

L. Das ist falsch. Welche Jahreszahl schreiben wir jetzt?

Sch. 1839.

L. Warum diese?

Sch. Weil vor 1839 Jahren Jesus Christus geboren ward.

L. Wie viele Hunderte sind also voll seit dieser merkwürdigen Geburt unsers Religionsstifters und Erlösers?

Sch. 18 Hundert sind voll, und 39 sind noch drüber.

L. Von welchem Jahrhunderte sind also diese 39?

Sch. Vom neunzehnten.

L. Weißt du, Kleiner, jetzt, in welchem Jahrhundert wir leben?

Sch. Im neunzehnten.

L. Nenne mir (Erster) ein merkwürdiges Jahr aus dem zehnten Jahrhundert!

Sch. 988. Einführung des christlichen Glaubens in Rußland.

L. Aus dem 11. Jahrhundert!

Sch. 1096. Anfang der Kreuzzüge.

L. Aus dem 14. Jahrhundert!

Sch. 1340. Erfindung des Schießpulvers.

L. Aus dem 15. Jahrhundert!

Sch. 1440. Erfindung der Buchdruckerkunst.

L. Noch eins aus dem 15. Jahrhundert!

Sch. 1492. Endeckung von Amerika.

L. Aus dem 16. Jahrhundert!

Sch. 1517. Anfang der Reformation oder Kirchenverbesserung durch Doktor Martin Luther.

L. Aus dem 17. Jahrhundert!

Sch. 1618. Anfang des 30jährigen Krieges.

L. Wann endete dieser Krieg? — Nenne mir ein merkwürdiges Jahr aus dem 18. Jahrhundert!

Sch. 1756. Anfang des 7jährigen Krieges.

L. Wann endete dieser Krieg? — Nenne jetzt aus dem 19. Jahrhundert zwei merkwürdige Jahre!

Sch. 1812. Befreiung Rußlands von dem Einbruche der Franzosen und der zwanzig mit ihnen verbundenen Völker, und 1813. Befreiung Deutschlands von den Franzosen.

Zweite Unterredung.

L. Wovon haben wir in der vorigen Stunde gesprochen?

Sch. Von Tagen und Jahren.

L. Kannst du, Kleiner, mir nun sagen: wenn es Nacht ist?

Sch. Wenn die Sonne nicht mehr da ist.

L. War das recht geantwortet (Erster)? Ist die Sonne in der Nacht nicht mehr da?

Sch. Nein. Er muß sagen: Nacht ist es auf derjenigen Seite der Erde, welche von der Sonne weggewandt, abgekehrt ist.

L. Warum?

Sch. Weil die Sonnenstrahlen, welche die eine Seite hell und warm machen, nicht durch die Erde hindurch bis zur andern Seite dringen können.

L. Können die Sonnenstrahlen durch nichts hindurch kommen?

Sch. O ja, durch durchsichtige Körper, z. B. durch die Fensterscheiben.

L. Gut. Seht, Kinder, so verhält es sich eigentlich hiermit. Wir sagen aber immer: Die Sonne geht auf und unter, bald früher, bald später, und bezeichnen mit diesen Ausdrücken die Sache nur, wie sie zu sein scheint, nicht, wie sie wirklich ist. In frühern Zeiten, da man es noch nicht anders wußte oder dachte, als daß die Sonne wirklich auf- und unterginge, wählte man den Ausdruck so, und diesen hat man beibehalten, ohne ihn nun noch im eigentlichen Sinn zu nehmen. Die Zeit vom Aufgange der Sonne bis zu ihrem nächsten Untergange nennt man einen natürlichen Tag. Was nennt man also einen natürlichen Tag? — Von welchem Stammworte ist das Wort „natürlich" abgeleitet?

Sch. Von dem Worte Natur.

L. Was verstehst du unter diesem Worte? — Weiß das Niemand?

Wie nennst du das, was du durch das Gesicht und Gefühl erkennen kannst, oder was in die Länge, Breite und Höhe einen Raum einnimmt?

Sch. Einen Körper.

L. Was für ein Körper ist dieses Buch, weil es seine Gestalt durch die Kunst der Menschen erhalten hat?

Sch. Ein künstlicher Körper.

L. Nenne mehr solcher künstlicher Körper!

Sch. Tisch, Bank, Stuhl, Spiegel, Leinwand u. s. w.

L. Warum nennt man diese Körper künstliche Körper?

Sch. Weil sie ihre Gestalt durch menschliche Kunst erhalten haben.

L. Kann man aber auch den Apfel einen künstlichen Körper nennen?

Sch. Nein, den kann man nicht so nennen.

L. Warum nicht?

Sch. Weil er seine Gestalt nicht durch die Kunst der Menschen erhalten hat.

L. Solche Körper nun, die ihre Gestalt nicht durch die Kunst der Menschen erhalten haben, nennt man natürliche Körper. Was sind also natürliche Körper?

Sch. Solche Körper, die ihre Gestalt nicht durch die Kunst der Menschen erhalten haben.

L. Dergleichen Körper bringt Gott durch die Kräfte hervor, welche er in die Natur gelegt hat, und eben darum heißen sie natürliche Körper. Warum heißen sie so?

Sch. Weil Gott sie durch die Kräfte hervorbringt, die er in die Natur gelegt hat.

L. Was für ein Körper ist eine Rose?

Sch. Ein natürlicher.

L. Habt ihr aber nicht auch schon gemalte oder gestickte Rosen gesehen? Waren das auch natürliche Körper?

Sch. Nein, das waren künstliche Körper.

L. Warum?

Sch. Weil sie ihre Gestalt durch die Kunst der Menschen erhalten haben.

L. Was für ein Körper ist der Tisch?

Sch. Ein künstlicher Körper.

L. Warum? — Woraus haben sie ihn gemacht?

Sch. Aus Holz.

L. Was für ein Körper ist das Holz?

Sch. Ein natürlicher.

L. Aus was für einen Körper ist also dieser künstliche Körper gemacht?

Sch. Aus einem natürlichen.

L. Und so ist es immer; jeder künstliche Körper ist aus einem natürlichen Körper gemacht, und die Menschen könnten gar nichts machen, wenn Gott ihnen nicht natürliche Körper gegeben hätte. Wenn also die Menschen noch so viele künstliche Sachen besitzen, woraus sind sie immer gemacht?

Sch. Aus natürlichen Körpern.

L. Und wer giebt den Menschen die natürlichen Körper?

Sch. Der liebe Gott, welcher sie durch die Kräfte hervorbringt, die er in die Natur gelegt hat.

L. Unter Natur versteht man daher die Gesammtheit aller Dinge, die ihre Gestalt nicht durch die Kunst der Menschen erhalten haben, sondern von Gott hervorgebracht sind. Dazu gehört natürlich auch die Sonne. Und wie kann man auch mit Recht den Tag heißen, den die Sonne auf der Erde macht?

Sch. Einen natürlichen Tag.

L. Ein solcher natürlicher Tag ist also bald länger, bald kürzer. Wie viele Stunden hat der kürzeste Tag? — Das wißt ihr nicht? Nun seht, hier habe ich ein Büchelchen, worin ihr das finden könnt; jeder Hausvater kauft es sich zur Weihnachtszeit; wie heißt es wohl?

Sch. Der Kalender.

L. Richtig. Kalender bezeichnet in unserer Zeit ein Verzeichniß der Tage, Wochen und Monate und ist recht gut durch Zeitweiser verdeutscht worden. Ursprünglich kommt der Name Kalender von einem griechischen Worte her, welches ausrufen bedeutet, weil bei den alten Griechen die Sitte war, wegen Mangel eines solchen Verzeichnisses, wie wir es haben, allemal am ersten Tage des Monats die übrigen Tage desselben öffentlich auszurufen. — Nun schlagt einmal den 31. December auf; dort, so wie am Ende eines jeden Monats steht unten die Tageslänge angegeben. Den 21., nämlich December, Aufgang der Sonne um 8 Uhr 2 Minuten, und Untergang der Sonne um 3 Uhr 54 Minuten, dies giebt eine Tageslänge von — ? (Berechne es, Erster!)

Sch. Von 7 Stunden 52 Minuten.

L. Also beinahe 8 Stunden; denn jede Stunde (du Kleiner) hat wie viele Minuten?

Sch. Jede Stunde hat 60 Minuten.

L. Wie viele Minuten fehlen also noch zu 7 Stunden 52 Minuten, damit es 8 volle Stunden sind?

Sch. 8 Minuten.

L. Wir wollen aber den kürzesten Tag, welcher der 22. December ist, zu 7 Stunden 51 Minuten annehmen. Dies zieht ab von 24 Stunden, wie viel bleibt dann für die Nacht?

Sch. 16 Stunden 9 Minuten.

L. Richtig. Der 21. Junius hingegen ist der längste Tag, vergleicht selbst die Tageslänge, welche im Kalender am Ende des Junius angeführt ist — sie beträgt 16 Stunden 30 Minuten. Erster, kannst du nun geschwind berechnen, wie lang in dieser Zeit die Nacht ist?

Sch. 7 Stunden 30 Minuten.

L. Zweimal im Jahre sind Tag und Nacht gleich lang. Wie lang muß dann der Tag und die Nacht sein?

Sch. 12 Stunden.

L. Diese Zeit nennt man Tag= und Nachtgleiche, und kommt den 21. März (Frühlingsanfang) und den 23. September (Herbstanfang). — Du, Kleiner, wie nennt man März, Junius u. s. w. mit einem gemeinschaftlichen Namen?

Sch. Monate.

L. Wie viele Monate hat ein Jahr?

Sch. Ein Jahr hat 12 Monate.

L. Nenne sie vorwärts und rückwärts! Welcher Monat kommt nach Februar? nach Mai? nach Juni? nach August? nach October? vor December? vor October? vor August? vor Mai? vor April? vor Februar? — Du, Erster, was ist ein Monat?

Sch. Die Dauer eines völligen Mondwechsels oder gemeiniglich die Zeit von vier Wochen oder 28 Tagen.

L. Ganz recht; dies ist der natürliche Monat, zum Unterschiede des bürgerlichen, welcher bald 30, bald 31 Tage hat. — Von welchem Worte ist der Name Monat abgeleitet?

Sch. Von dem Namenworte Mond, weil die Zeit von einem Neumond zum andern beinahe so lange dauert, als man anfangs das Jahr nach der Zahl der Neumonde bestimmte.

L. Hätten wir nach dieser Bestimmung auch 12 Monate im Jahr?

Sch. Nein, wir hätten dann mehr.

L. Recht; man hat daher, um eine gerade Zahl zu haben, 12 Monate angenommen, und jedem Monat einige Tage mehr zugegeben, als er nach dem Umlaufe des Mondes haben würde. — Ist die Eintheilung des Jahres in Monate auch bequem?

Sch. O ja; denn dadurch kann man genau bestimmen, wann etwas geschehen ist oder geschehen soll.

L. Die besondern Benennungen der Monate haben sie theils von den Geschäften, die man in diesen Monaten zu verrichten pflegt, theils von den natürlichen Begebenheiten, welche sich um diese Zeit gewöhnlich ereignen, oder auch von merkwürdigen Personen und den heidnischen Göttern der Römer erhalten. Du, Kleiner, wie heißt der erste Monat des Jahres?

Sch. Januar.

L. Dieser hat seinen Namen von dem heidnischen Gotte Janus, den die alten Römer deßhalb verehrten, weil sie meinten, er regiere das Jahr und alle menschlichen Schicksale. Daher weiheten sie ihm auch den ersten Tag des Jahres und die erste Stunde von jedem Tage. — Von den Deutschen wird dieser Monat auch der Wintermonat genannt. — Wie heißt der zweite Monat des Jahres?

Sch. Februar.

L. Dieser stammt von dem lateinischen Worte Februa ab, womit die Todten= und Reinigungsopfer bezeichnet wurden, welche die Römer in diesem Monate den Göttern zwölf Tage lang darbrachten. Die alten Deutschen nannten diesen Monat Hornung oder Kothmonat, von dem altdeutschen Worte Hor, weil in diesem Monate die mit Schnee bedeckte Erde wieder anfängt aufzuthauen. Daher wird er auch Thaumonat genannt. — Welcher Monat folgt nach dem Februar?

Sch. Der März.

L. Dieser hat seinen Namen von Mars erhalten, den die Römer als einen gewaltigen Kriegsgott verehrten, und auch meistens um diese Zeit wieder in den Krieg zogen. Die deutsche Benennung dieses Namens ist Lenz= oder Frühlingsmonat, weil in denselben der Anfang des Frühlings fällt. — Wie heißt der vierte Monat des Jahres?

Sch. Der April.

L. Dieser Name ist ebenfalls römischen Ursprungs, und wird von dem Worte aperire, welches öffnen heißt, hergeleitet; weil die Erde in diesem Monate sich öffnet, und allerlei neue Erzeugnisse von Kräutern und Blumen hervorbringt. Die alten Deutschen nannten diesen Monat Blumenmonat, und weil das Osterfest meistens in diesen Monat fällt, so wird er auch der Ostermonat genannt. — Welcher Monat folgt nach dem April?

Sch. Der Mai.

L. Dieser Monat hat wahrscheinlich seinen Namen von Jupiter erhalten, welchen die heidnischen Römer für größer als die übrigen Götter hielten, und ihn deshalb auch Majorem oder den Größern nannten. Die Deutschen nennen ihn weit passender den Wonnemonat, weil um diese Zeit gleichsam Himmel und Erde mit einander wetteifern, durch das Liebliche und Angenehme, was rings umher das menschliche Auge erblickt, zu erquicken und zu erfreuen. — Wie heißt der sechste Monat des Jahres?

Sch. Junius.

L. Dieser Monat soll von der Juno den Namen erhalten haben, welche die höchste und mächtigste Gottheit der Römer und Griechen nach dem Jupiter war. Daher wurden ihr nicht nur alle ersten Tage der Monate, sondern auch der ganze Junius geheiligt. Die Deutschen nennen ihn Brach- oder Sommermonat, weil man um diese Zeit anfängt, die Aecker, welche brach oder unbebaut liegen geblieben, für die künftige Wintersaat wieder zu bearbeiten. — Welcher Monat folgt auf den Junius?

Sch. Der Julius.

L. Dieser Monat wurde dem Kaiser Julius Cäsar zu Ehren so genannt, der einer der größten römischen Kriegshelden war. Die Deutschen nennen ihn Heumonat, weil um diese Zeit gewöhnlich die Heuernte fällt. — Wie heißt der achte Monat des Jahres?

Sch. August.

L. Dieser war im alten römischen Kalender der sechste Monat, und wurde zu Ehren des Kaisers Augustus, unter dessen Herrschaft Jesus Christus, unser Heiland, geboren wurde, so genannt. Die alten Deutschen nannten ihn Aust- oder Erntemonat, weil das altdeutsche Wort austen ernten heißt, welche Benennung daher auch ganz bezeichnend ist, indem die Ernte in diesen Monat fällt. — Welcher Monat folgt nach dem August?

Sch. Der September.

L. Dieser Name bedeutet so viel als der siebente; denn die alten Römer fingen die Jahre nicht, wie wir, mit dem Januar, sondern mit dem März an, weßhalb auch dieser Monat der siebente genannt wurde. In dem altdeutschen Kalender heißt er Wild- oder Herbstmonat, weil in demselben der Herbst beginnt, und uns allerlei Früchte zum frohen Genusse darbietet. — Wie heißt der zehnte Monat des Jahres?

Sch. October.

L. Diesen Monat nannten die Römer deßhalb so, weil er bei ihnen der achte im Jahre war. Die Deutschen nennen ihn Weinmonat, weil die Weinlese in denselben fällt. — Welcher Monat folgt nach dem October?

Sch. Der November.

L. Dieser führt deßhalb diesen Namen, weil er im römischen Kalender der neunte war. Die Deutschen nennen ihn Windmonat, weil sich mit diesem Monate meistens unfreundliches und ungestümes Wetter einstellt, und die

Winde heftig zu wehen beginnen. — Wie heißt der zwölfte oder letzte Monat im Jahre?

Sch. December.

L. Dieser Monat, welcher im alten römischen Kalender der zehnte war, wird von den Deutschen auch der Christmonat genannt, weil in demselben das Fest der Geburt Jesu Christi gefeiert wird. Alle die deutschen Namen der zwölf Monate soll schon vor mehr als tausend Jahren der deutsche Kaiser Karl der Große erfunden haben. — Wie viele Tage hat ein Monat? — Hier müßt ihr euch Folgendes merken: Auf jeden der vier Monate April, Junius, September und November kommen 30 Tage. Der Februar hat nur 28, und in einem Schaltjahre 29 Tage. Wer also am 29. Februar geboren ist, kann seinen Geburtstag nur alle 4 Jahre feiern. — Alle übrigen Monate — wie viele sind nun noch?

Sch. Sieben.

L. Alle diese haben 31 Tage. Wie viele Tage hat nun also der Januar, April, Junius? — Nun seht, eben so leicht und untrüglich könnt ihr den Unterschied der Monatstage an eurer eigenen geballten Hand auffinden, wenn ihr die hintern Knöchel eurer Finger vom Zeigefinger an bis zu dem kleinen Finger als Monate anseht, die 31 Tage haben, und die Grübchen zwischen den Knöcheln als Monate annehmt, die 30 Tage enthalten. So z. B. sei der hintere Knöchel des Zeigefingers der Monat Januar (31 Tage), das Grübchen: Februar (28 und im Schaltjahre 29 Tage); der hintere Knöchel des Mittelfingers: März (31 Tage), das Grübchen: April (30 Tage); der hintere Knöchel des Ringfingers: Mai (31 Tage); das Grübchen: Juni (30 Tage); der hintere Knöchel des kleinen Fingers: Juli (31 Tage); und nun kommt wieder der hintere Knöchel des Zeigefingers als August (31 Tage), das Grübchen: September (30 Tage) u. s. f. — — Worin wird das Jahr auch sonst noch eingetheilt?

Sch. In 52 Wochen, in 4 Vierteljahre, und 4 Jahreszeiten.

L. Nenne die 4 Vierteljahre!

Sch. 1) Von Weihnachten oder Neujahr bis Ostern. 2) Von Ostern bis Johannis. 3) Von Johannis bis Michaelis. 4) Von Michaelis bis Weihnachten oder Neujahr.

L. Sage mir nun die Monatstage, mit welchen ein jedes Vierteljahr anfängt und aufhört!

Sch. 1) Vom 1. Januar bis zum letzten März.

2) Vom 1. April bis zum letzten Juni. 3) Vom 1. Juli bis zum letzten September. 4) Vom 1. October bis zum letzten December.

L. Wie viele Monate gehören also zu $\frac{1}{4}$, $\frac{1}{2}$, $\frac{3}{4}$, $\frac{5}{4}$, $1\frac{3}{4}$ Jahr? — — Kannst du nun auch den Anfang der 4 Jahreszeiten nennen?

Sch. Der Frühling fängt an: den 21. März, wo Tag und Nacht gleich ist. Der Sommer fängt an: den 21. Juni, welches der längste Tag ist. Der Herbst fängt an: den 23. September, wo Tag und Nacht gleich ist. Der Winter fängt an: den 22. December, welches der kürzeste Tag ist.

L. Wodurch unterscheidet eine Jahreszeit sich von der andern? — Nun — sieht die Erde im Winter eben so aus, wie im Sommer? — Oder ist vielleicht Wärme und Kälte in allen gleich? — In welcher ist es kalt? in welcher warm? in welcher gemäßigt? Welche ist dir die liebste? Warum der Sommer? — Du, anderer Kleiner, welche Jahreszeit ist dir die liebste? Du wünschest also, daß immer Sommer, und du, daß immer Frühling wäre. Da aber der liebe Gott es nicht so gewollt und gemacht hat, so muß diese Abwechselung wohl nöthig und heilsam sein; denn Alles, was Gott gethan hat und noch thut, ist immer nützlich und heilsam. — Erster, wie sieht es im Winter in der Natur aus?

Sch. Im Winter ist die Luft fast immer kalt, das Wasser friert zu Eis und aus den Wolken fällt Schnee, der die Erde bedeckt, damit sie ausruhen kann, um neue Kraft zur Hervorbringung neuer Pflanzen zu sammeln.

L. Wie sieht es im Frühlinge in der Natur aus?

Sch. Im Frühlinge wird das Gras grün, die Bäume bekommen wieder grüne Blätter, sie blühen und bekommen neue Früchte; die Lerche, Nachtigall und andere Vögel singen fleißig; das Veilchen, die Rose und andere angenehme Blumen blühen.

L. Wie ist es im Sommer?

Sch. Im Sommer ist es warm und oft sehr heiß. Die Hitze der Sonne muß aber die Früchte reif machen und ist sehr gut. Da werden das Gras auf den Wiesen und die Früchte auf dem Felde reif und dann eingeerntet. Im Garten giebt es Johannisbeeren, Himbeeren, grüne Schoten und Bohnen; die Kirschen werden reif, und nach und nach auch das andere Obst. Die Vögel singen noch fleißig, und die meisten haben Junge, die sie emsig füttern, daß sie groß werden, Federn bekommen und auch fliegen lernen.

L. Wie ist es im Herbste?

Sch. Im Anfange des Herbstes ist es immer noch schönes Wetter; aber die Tage werden kürzer, und die Nächte länger und kühl. Da wird noch immer eingesammelt, von den Wiesen Heu, von dem Felde Kartoffeln, Rüben, Kraut und Kohl. Der Bauer pflügt sein Feld wieder und säet Korn und Weizen für das künftige Jahr. Im Garten werden noch Birnen und Aepfel abgenommen und für den Winter verwahrt. Die Menschen sammeln Alles ein, ehe die nasse Witterung kommt, und versorgen sich mit Holz und andern Sachen für den Winter.

L. In welcher Jahreszeit kommen die Störche und die andern Zugvögel? woher? und in welcher Jahreszeit ziehen sie fort? wohin? — Alle diese Veränderungen und Eintheilungen läßt Gott durch die Einwirkungen der Sonne und des Mondes, von welchen ihr künftig mehr hören werdet, geschehen. Wahr und schön heißt es in einem Liede:

Noch folgen, auf des Frühlings Pracht,
Des Sommers Aehren=Felder;
Auf sie des Herbstes trübe Nacht,
Des Winters öde Wälder.
Noch hauchen durch die Luft
Die Blumen ihren Duft;
Noch stellt in jedem Jahr,
Verjüngt sich wieder dar,
Was unser Aug entzücket.

Dritte Unterredung.

L. Liebe Kinder, wißt ihr noch aus der vorigen Stunde, welche Tage natürliche genannt werden?

Sch. Die Tage, welche die Sonne auf der Erde macht.

L. Woher kommt es, daß die natürlichen Tage nicht immer gleich sind?

Sch. Das kommt von der Sonne.

L. Das ist nun freilich wahr; aber nicht deutlich genug. Es kommt daher, weil die Sonne nicht immer an derselben Stelle des Himmels auf= und untergeht, sondern der scheinbare Auf= und Untergang der Sonne bald weiter nach Norden und bald weiter nach Süden geschieht. Geht nämlich die Sonne mehr gegen Norden auf und unter, so sehen wir sie zur Mittagszeit immer höher, doch nie ganz senkrecht über uns weggehen; auch bleibt sie dann länger über unserem Horizonte und macht daher bei uns, die wir in Europa wohnen, und zwar ungefähr in der Mitte, die Tage lang und die Nächte kurz; und hat sie endlich den 21. Junius, welchen Tag unser Kalender Sommersanfang nennt, ihren höchsten Stand gegen Norden, erreicht, so haben wir den längsten Tag und die kürzeste Nacht. Ganz anders aber verhält es sich mit der scheinbaren Bewegung der Sonne vom längsten Tage an. Nach diesem geht es wieder abwärts mit der Sonne und zwar so, daß sie immer mehr gegen Süden auf- und untergeht. Je mehr sie aber von jetzt an gegen Süden geht, desto niedriger kommt sie auch für uns zu stehen, desto weniger verweilt sie über unserem Horizonte, und macht dadurch bei uns die Tage kürzer und die Nächte länger. Hat sie endlich den 22. December, welcher Tag in unserem Kalender als Wintersanfang bezeichnet ist, den südlichsten Standpunkt, erreicht; so steht sie für uns am tiefsten, und macht bei uns, indem sie einen viel kleinern Umkreis am Himmel, als vor Sommersanfang beschreibt, den kürzesten Tag und die längste Nacht. Nur 2 mal im Jahre kommt sie gerade zwischen den äußersten nördlichen und den äußersten südlichen Punkt zu stehen, und geht dann in dem eigentlichen Ostpunkte auf und in dem westlichen unter. Da sie nun an diesen Tagen durch ihre scheinbare Bewegung von Morgen gegen Abend die Mittellinie am Himmel beschreibt, so bleibt sie auch 12 Stunden über dem Horizonte und 12 Stunden unter demselben, und macht dann also die Länge der Tage und Nächte gleich. — Weißt du noch, in welcher Zeit im Jahre nach unserem Kalender die Tag- und Nachtgleiche Statt findet?

Sch. Die Nachtgleiche findet Statt im Frühlingsanfange (den 21. März) und im Herbstanfange (den 23. September). — Wie weit ist denn aber die Sonne von unserer Erde entfernt?

L. Wenn eine Kanonenkugel (wie geschwind fliegt die nicht! jeden Pulsschlag oder jede Sekunde 600 Fuß) hier aus der Kanone geschossen würde, und sie flöge Tag und Nacht, und immer fort mit gleicher Geschwindigkeit; so würde sie 26 Jahre und 6 Monate nöthig haben, ehe sie nach der Sonne käme; denn die Sonne ist über 20 Millionen Meilen von uns entfernt, das ist so weit, daß man 12,000 solcher Erdkugeln, wie die unsere eine ist, von hier aus über einander legen könnte, ehe man an die Sonne reichte. — Du, Kleiner, wiederhole das eben Gesagte!

Diese große Entfernung der Sonne von unserer Erde verursacht daher auch, daß unsere Erde sehr schnell sein muß, wenn sie in 365 Tagen einmal um die Sonne herumkommen will. Gelehrte Leute haben ausgerechnet, daß die Bahn unserer Erde um die Sonne mehr als 131 Millionen Meilen beträgt, und daß daher die Erde in jeder Stunde beinahe 15,000 Meilen zurücklegen muß. Während wir also einem Andern nur einen guten Tag wünschen, rückt die Erde mit uns beinahe 4 Meilen fort. Aber wie geht es zu, daß wir von dieser Umdrehung der Erde gar nichts merken, da wir es doch sehr gut merken, wenn ein Wagen schnell geht?

Sch. Weil wir es einmal gewohnt sind.

L. Ja, von unserer Kindheit an. Würden wir doch schon, wenn wir auf einem schnell-fahrenden Schiffe geboren wären, und dasselbe nie verließen, das Fortrücken desselben gar nicht merken. Wie viel weniger können wir etwas von der Bewegung der Erde merken, da diese äußerst gleichförmig und ununterbrochen durch die feine Himmelsluft schwimmt, die unendlich dünner ist, als das Wasser!

Sch. Aber wie kommt es denn, daß durch die Umdrehung der Erde die Menschen an der entgegengesetzten Seite der Erde sich erhalten können, wenn sie mit den Füßen oben und mit den Köpfen unten sind; ich dächte, sie müßten hinabfallen?

L. Du denkst dir also die Menschen auf der andern Seite der Erde wie Fliegen, die an der Decke eines Zimmers umherlaufen. Das ist aber falsch. Die Fliegen an der Decke des Zimmers richten ihre Füße gegen den Himmel und ihren Leib gegen den Erdboden, aber nicht so die Menschen auf der andern Seite der Erde. Diese haben immer den Himmel über ihren Köpfen und den Erdboden unter ihren Füßen, nicht umgekehrt. Wenn Jemand dort einen Stein aus der Hand fallen läßt, so fällt er nicht nach dem Himmel, sondern eben so gut nach der Erde zu, wie bei uns. Der Mittelpunkt der Erde ist das eigentliche Unten, und die Luft, welche die ganze Erdkugel ringsum einhüllt, wie das Eiweis den Dotter, ist das eigentliche Oben. Alles also, was sich in die Luft erhebt, ist oben, und was dem Mittelpunkt der Erde zugekehrt ist, ist unten. Ein Mensch mag nun auf der Oberfläche der Erde stehen, wo er immer will, so hat er überall den Mittelpunkt der Erde — nämlich wo?

Sch. Gerade unter seinen Füßen.

L. Und mit dem Kopfe steht er gegen die Luft oder den Himmel. Merkt euch ferner: In dem Mittelpunkte der Erde ist eine für uns unsichtbare Kraft vorhanden, welche alle zur Erde gehörigen Theile anzieht. Man nennt sie die Schwerkraft. Diese Kraft verursacht also, daß alle Körper auf unserer Erde eine Neigung haben, sich wieder nach derselben hinzubewegen, wenn sie etwas davon entfernt sind; so bald sie aber bis an die Erde gekommen sind, dort ruhen. Werfe ich z. B. einen Stein in die Höhe, so bewegt er sich eine kurze Zeitlang nach oben zu; aber bald fängt er wieder an, zur Erde herab zu sinken. Er strebt nach dem Mittelpunkte der Erde und würde bis zu diesem fallen, wenn nämlich die Erde eine solche Oeffnung hätte. Ginge aber auch die Oeffnung durch die ganze Erdkugel hindurch, so würde doch der fallende Körper nicht auf der entgegengesetzten Seite der Erdflache wieder herauskommen, sondern im Mittelpunkte schweben bleiben, weil hier sich alle Schwere zu vereinigen sucht. — Kannst du mir nun sagen, warum ein Stein oder anderer Körper, den man in die Höhe wirft, wieder auf die Erde zurückfällt, und nicht nach den Wolken hinauf?

Sch. Weil durch die Anziehungskraft, welche in der Mitte unserer Erde befindlich ist, jeder zur Erde gehörige Körper angezogen wird.

L. Alles dieses wird euch sehr gut durch Fig. 1. versinnlicht werden*). Auf der hier dargestellten Oberfläche der Erdkugel sind vier Punkte bezeichnet: **A** ein Baum, **B** ein Haus, **C** ein Mensch, **D** ein Schiff; **S** bezeichnet die Sonne, **H** und **K** Sterne, und **M** den Mond, **T** ist der Mittelpunkt der Erdkugel. Gesetzt nun, wir befänden uns in dem Hause **B**, so würde es uns freilich vorkommen, als ob das auf der uns gerade entgegengesetzten Seite der Erde befindliche Schiff **D** verkehrt stände. Es scheint die Masten und Segel nach unten, den Boden aber aufwärts zu kehren. Mancher wundert sich daher, wie es möglich ist, daß das große, schwere Schiff sich erhält und nicht nach dem Monde hinfällt. Wer aber so denkt, der macht sich falsche Begriffe von Oben und von Unten. Oben ist bloß, was von **T** aus nach **A**, **B**, **C** und **D** hingeht, und Unten ist umgekehrt, was von **A**, **B**, **C** und **D**

*) Diese Erklärung wurde, weil sie nicht faßlicher gegeben werden konnte, fast wörtlich aus Sommer's Gemälde der physischen Welt entlehnt.

nach **T** hingeht. In **T** liegt die Anziehungskraft der Erde, welche alle vier Gegenstände **A**, **B**, **C** und **D** an sich zieht. Das Schiff **D** steht daher eben so gerade und fest, als das Haus **B**, und der Mann **C** eben so, wie der Baum **A**. Auch erscheint der Mond in **M** den Leuten auf dem Schiffe **D** nicht unten, sondern eben so wohl oben am Himmel, als den Bewohnern des Hauses **B** die Sonne **S** am Himmel erscheint, und die Sterne **H** werden von dem Baume **A** aus ebenfalls oben am Himmel erblickt, wie die Sterne **K** von dem Manne **C**. Die Punkte **S**, **K**, **M** und **H** sind also alle oben, und unten ist nur der Mittelpunkt der Erde **T**.

Ihr seht es nun gewiß ein, wie höchst wichtig es ist, daß die Körper gegen die Erde Schwere zeigen. Ein Körper, bei dem dies nicht wäre, würde sich von der Erde verlieren und in's Weite fliegen. Ein Haus, welches wir bauen, steht auf dem Erdboden fest, weil es von der Erde angezogen wird. Ohne dieses würden die Theile desselben sich trennen und verfliegen. So gäbe es ohne die Schwere kein Haus, kein einziges Gebäude. Wir selbst könnten uns auf der Erde nicht halten, wenn wir nicht schwer wären. Nichts würde ohne Schwere sich halten. Ein Theil der Erde würde sich nach dem andern von derselben losreißen, und so nach und nach die ganze Erde sich verlieren. Die Schwere ist es, die ihre Theile zusammenhält. So offenbart sich auch hier der große Weltbaumeister in seiner uns unbegreiflichen Weisheit.

Sch. Aber es scheint doch so, als wenn die Erde still stände, und die Sonne sich um sie herumdrehe?

L. Ganz recht, so scheint es. Wenn du auf einem Boote oder Wagen vor Bäumen und Häusern schnell vorüber fährst, was scheint dann zu geschehen?

Sch. Dann scheint es einem, als wenn Häuser und andere Dinge vor uns vorbeischwebten.

L. Siehst du; und doch stehen diese Gegenstände still. Eben so kann auch dem Menschen auf der Erdkugel, welche sich von Westen gegen Osten so schnell dreht, es scheinen, als wenn die Sonne mit allen Himmelskörpern in 24 Stunden sich um die einzige kleine Erde herumdrehe. Daß dies aber nicht der Fall sein kann, beweiset hinlänglich folgendes Beispiel. Denken wir uns den Minutenzeiger einer Taschenuhr, dessen Bewegung wir kaum sehen, nur eine Meile lang; so würde, wenn dieser Zeiger sich über einer großen Ebene herum bewegte, schon ein sehr gutes Pferd dazu erfordert, wenn es der Spitze des Zeigers mit gleicher Geschwindigkeit folgen sollte. Nun denke man sich eine Entfernung wie die der Sonne; wie groß würde da der Kreis, und wie groß müßte die Geschwindigkeit der Sonne sein, wenn sie diesen Kreis in 24 Stunden durchfliegen sollte! Eben dies gilt auch von den andern, besonders von den noch viel weiter entfernten Himmelskörpern. Was ist nun aber natürlicher und der Allweisheit des Schöpfers angemessener: daß alle unzähligen Sterne in ihren größtentheils unermeßlichen Entfernungen von der Erde, sich um die kleine Erde, die doch gegen die Sternenwelt nur als ein kleiner Punkt erscheint, herumbewegen, oder daß diese in 24 Stunden sich selbst um ihre Achse drehe?

Sch. Das Letzte.

L. Oder was meinst du, ist vielleicht die Sonne kleiner als unsere Erde?

Sch. Nein, die Sonne ist 1,400,000 Mal größer als die Erde, daher jene zur Umdrehung um ihre Achse 25 Tage braucht*), wie die Gelehrten sagen.

L. Aus dem Sonnenkörper könnte man also 1,400,000 Kugeln machen, deren jede so groß wäre als die Erdkugel. Aber wie groß ist denn der größte Umkreis der Erde?

Sch. 5400 Meilen.

L. Was ist nun wohl größer, der Mond oder die Erde?

Sch. Die Erde ist 50 Mal größer als der Mond.

L. Aus unserer Erde könnten also 50 Kugeln, jede dem Monde an Größe gleich, geschnitten werden. Wie vielmal ist also der Mond kleiner als die Sonne? Dies berechnet zur nächsten Stunde. Jetzt aber sagt mir, wie weit ist denn der Mond von uns entfernt?

Sch. Nur 52,000 Meilen**).

L. Wie viele Jahre würden wir also nöthig haben, um nach dem Monde zu kommen, wenn wir täglich 6 Meilen reis'ten? Wer hat's von euch zuerst ausgerechnet? —

Du, Kleiner, wird der Mond auch zu den Sternen gezählt?

---

*) Genau bestimmt: 25 Tage, 14 Stunden und 8 Minuten.

**) Weil aber der Mond seine Bahn um die Erde in einem länglich gezogenen Kreis (von 324,000 Meilen Länge) durchläuft; so geschieht es, daß dieser Himmelskörper der Erde bald näher, bald weiter von derselben entfernt ist. Dieses nennt man seine Erdferne, jenes seine Erdnähe. Sein Abstand von der Erde beträgt (nach Schmidt) in der Erdnähe 48,000, und in der Erdferne 56,000 geographische Meilen; sein mittlerer Abstand von der Erde beträgt also 52,000 Meilen.

Sch. Nein, er ist ja viel größer, als die Sterne sind.

L. Ja, das kommt dir nur so vor, ohne daß es wirklich so ist. Nach dieser deiner Ansicht müßte die Sonne noch viel weniger ein Stern genannt werden können. — Wer von euch weiß es, warum die Sonne und der Mond uns größer erscheinen als die andern Sterne?

Sch. Weil wir der Sonne und dem Monde näher sind.

L. Gewöhnlich spricht man: „Sonne, Mond und Sterne.“ Man sollte richtiger sagen: „Sonne, Mond und die übrigen Sterne;“ denn die Sonne und der Mond sind ebenfalls Sterne, so wie auch unsere Erde ein Stern ist. Jetzt will ich euch Mehres von den Sternen erklären. Erst laßt uns einmal aus der Bibel das schöne Kapitel „Sirach 43“ lesen. Dazu schlagt auf: Hiob 9, 9; dann Hiob 38, darin besonders die Verse: 4—6, 31, 32. — Wisset ihr, was hier der Wagen, das Band der sieben Sterne, Orion *) u. s. w. bedeutet?

Sch. —

L. Da ihr es nicht wisset, so höret, damit es euch deutlich wird, um so aufmerksamer zu. Denn was in der Bibel vorkommt, muß der gottesfürchtige Mensch doch wohl verstehen lernen.

Wenn ihr an einem sternenhellen Abende zum Gewölbe des Himmels sehet, so erblickt ihr eine unzählige Menge Sterne, von welchen die meisten Sonnen sind. Sie sehen hell aus, wie funkelnde Lichter, und scheinen nur klein zu sein, weil die meisten viele Millionen Meilen weit von uns entfernt sind, viel weiter als unsere Sonne. Um diese Sonnen leichter auffinden zu können, haben die Astronomen oder Sternkundige dieselben in größere und kleinere Gruppen vereinigt gedacht und diese Sternbilder genannt. Sie führen verschiedene Namen, die entweder von ausgezeichneten und tapfern Männern oder von Gottheiten der Alten, oder von ihrer Aehnlichkeit mit gewissen Dingen der Erde entlehnt sind. Besonders könnt ihr immer am nördlichen Himmel 7 große Sterne in der Stellung erblicken, wie sie euch Fig. 2 zeigt.

Dieses Sternbild heißt der große Wagen oder auch der große Bär. Wenn ihr einmal den großen Bären und seine Stellung am Himmel genau kennt, so ist es ein Leichtes, auch den kleinen Bären zu finden. Dieser sieht fast ganz so aus, wie der große, nur daß Alles kleiner

*) Orīon, d. h. das i lang ausgesprochen.

an ihm ist. Die Stellung des kleinen Bären ist so, daß der Kopf nach dem Schwanze des großen Bären gerichtet ist. Der leuchtendste letzte Stern im Schwanze des kleinen Bären ist der Polarstern, auf den ihr gerade trefft, wenn ihr durch die zwei Sterne a und b des großen Bären, welche vom Schwanze am weitesten entfernt sind, in Gedanken eine gerade Linie bis zu jenem Stern c vorwärts denkt. Verwechseln könnt ihr diesen Polarstern mit den andern Sternen so leicht nicht, da kein einziger in der nämlichen Richtung liegt, der jenem an Größe gleich käme.

Hinter dem großen Bären seht ihr 7 Sterne in der Stellung, wie Fig. 3 angiebt. Dieses Sternbild wird Bootes, der Ochsentreiber, gewöhnlich aber Bärenhüter genannt, weil er dicht hinter dem Bären hergeht und ihn vor sich her zu treiben scheint. In der Nähe dieses Sternbildes steht ein großer, mit röthlichem Lichte flammender Stern, welcher Arcturus heißt.

Zieht ihr von dem linken Vorderfuße des großen Bären etwas rechts über euren Kopf hinweg eine Linie, so trifft diese auf eine aus 6 Sternen bestehende Gruppe, die ein längliches Viereck bildet; Fig. 4. Dies sind die Zwillinge, von welchen die beiden obern Sterne groß und leuchtend sind, und Castor und Pollux heißen. — Wie wird der breite weiße Streifen, welcher am Abend den Himmel von Norden nach Süden zu durchschneiden scheint, genannt?

Sch. Die Milchstraße.

L. Ganz recht. Diese Milchstraße enthält viele Millionen Sonnen, durch deren zusammenfließendes Licht der milchweiße Schimmer entsteht. — In dieser Milchstraße seht ihr 5 Sterne, die sich durch Größe und Glanz vorzüglich kenntlich machen. Sie stehen in Form, wie Fig. 5 zeigt, beisammen. Man nennt dieses Sternbild Cassiopea.

Gegenüber der Cassiopea am südlichen Himmel steht das ausgezeichnetste und schönste Sternbild am ganzen Himmel, welches einen mit Gürtel und Schwert bewaffneten Mann vorstellt und Orion genannt wird; Fig. 6.

Am kenntlichsten vor allen andern Sternbildern wird der Orion durch die drei in seinem Gürtel fast in gerader Linie liegenden Sterne, die man auch den Jakobsstab nennt. — Unter dem Orion zur Linken seht ihr den Sirius, einen großen Stern, der hellste und schönste am ganzen Himmel, mit einem bläulichten Lichte. Ihr findet ihn, wenn ihr euch vom Gürtel a des Orion eine schräge

Linie bis zum größten Stern b denkt; s. Fig. 6. Weil der Sirius sich in dem Sternbilde des Hundes befindet, so wird er auch der Hundsstern genannt. Von diesem Sterne haben die sogenannten Hundstage, die Zeit vom 23. Juli bis zum 23. August, ihren Namen, weil in dieser Zeit die Sonne mit dem Sirius zugleich auf- und untergeht.

Ueber dem Orion zur Rechten sehet ihr das in der Sprache des gemeinen Lebens sogenannte Siebengestirn, weil derjenige, welcher ein besonders scharfes Auge hat, mit bloßen Augen sieben Sterne in dieser Gruppe unterscheiden kann. Fernröhre zeigen deren indeß über 40. Da um den größten dieser Sterne die übrigen kleinern herumstehen, so wird diese Sterngruppe auch die Gluckhenne (mit ihren Küchlein) genannt. Bei den Griechen war das Siebengestirn unter dem Namen der Plejaden bekannt.

Alle obengenannten Sterne heißen Fixsterne, d. h. feststehende, die immer an demselben Orte stehen bleiben und mit ihrem eigenen Lichte leuchten (ihr eigenes Licht haben). Um jeden Fixstern aber, oder, was gleichviel ist, um jede Sonne, bewegen sich kleinere Sterne herum, die nicht selbst Licht und Wärme haben, sondern von ihren Sonnen erleuchtet und erwärmt werden; diese nennt man Planeten (Wandelsterne). Ihr könnt diese daran erkennen, daß sie ein ruhiges, nicht flimmerndes Licht haben; den Fixsternen dagegen ist ein zitterndes, hin- und herwallendes, schimmerndes Licht eigen. — Was meint ihr wohl, würdet ihr die Menge von Gestirnen am Himmelsgewölbe zählen können?

Sch. Nein, das vermag kein Mensch.

L. Ihre Zahl können wir nicht bestimmen, und wenn wir auch tausend Jahre zählen wollten. Wie ist es aber mit den Planeten, welche sich um unsere Sonne bewegen, hat man diese wohl gezählt?

Sch. O ja! Um unsere Sonne bewegen sich, wie man bis jetzt weiß, 11 Planeten.

L. Wie heißen sie?

Sch. Merkur, Venus, Erde, Mars, Vesta, Juno, Ceres, Pallas, Jupiter, Saturn und Uranus.

L. Seht nun einmal diese Zeichnung an (Fig. 7). Der in diesen Mittelpunkt gezeichnete Strahlenstern bedeutet die Sonne. Die um dieselbe herumgezogenen länglichrunden Kreise bezeichnen den Weg oder die Bahnen der 11 Planeten, welche sich um die Sonne herumbewegen und von ihr erleuchtet und erwärmt werden*). Zunächst der Sonne kreiset Merkur, der nur 88 Tage braucht, um herum zu kommen. — Dies ist ein Merkursjahr, das also nicht einmal einem Viertel des Erdenjahres gleich kommt. Der Planet auf der zweiten Bahn heißt Venus; dieser braucht zum Umlaufe $224\frac{2}{3}$ Tage, und gehört zu den schönsten des Himmels. Glänzet er vor dem Aufgange der Sonne im Osten, so heißt er Morgenstern oder Lucifer; erblickt man ihn aber nach dem Untergange der Sonne am westlichen Himmel, so erhält er den Namen Abendstern oder Hesperus. Diese beiden Planeten gehen, weil sie näher an der Sonne stehen als die Erde, zuweilen als dunkle Flecken vor der Sonnenscheibe vorbei. Man nennt diese Erscheinung den Durchgang des Merkur oder der Venus durch die Sonne. Den 8. Mai 1845 kann dieser Durchgang des Merkur beobachtet werden. Der nächste Durchgang der Venus wird im Jahre 1874 Statt finden. — Auf der dritten Bahn bewegt sich unsere Erde um die Sonne, in wie viel Tagen?

Sch. In 365 Tagen. — Was bedeutet denn der Punkt bei der Erde?

L. Dies ist der Mond, welcher sich, wie alle Himmelskörper, um seine eigene Achse bewegt, zugleich aber auch unsere Erde in $29\frac{1}{2}$ Tagen umläuft und mit ihr den Weg um die Sonne macht. Weil er nun eine dreifache Bewegung zu machen hat, so heißt er auch Nebenplanet oder Trabant (Begleiter) der Erde, und jene, die außer der Bewegung um ihre eigene Achse sich für sich allein (unmittelbar) um die Sonne bewegen, Hauptplaneten. Warum ist also die Erde ein Hauptplanet? — unser Mond ein Nebenplanet? —

Seht nun wieder die Zeichnung an! Die vierte Bahn nimmt der Planet Mars ein, welcher seine Bewegung

---

*) Da die Bahn, in welcher sich die Planeten um die Sonne bewegen, nicht zirkelrund, sondern länglichrund ist, so sind sie auch der Sonne zu einer Zeit näher als zur andern. Der Punkt, in welchem der Planet unserer Sonne am nächsten ist, heißt die Sonnennähe; der Punkt hingegen, in welchem der Planet am weitesten von der Sonne entfernt ist, wird Sonnenferne genannt. So beträgt z. B. die Sonnenferne unserer Erde, welche in den Anfang des Juli fällt, (nach Schmidt) 21,208073 geogr. Meilen, und die Sonnennähe in den Anfang des Januars 20,505943 geogr. Meilen; der mittlere Abstand der Erde von der Sonne aber, 20,612810 geogr. Meilen.

um die Sonne in 1 Jahre, 321 Tagen vollendet; ein Marsjahr ist also fast das Doppelte eines Erdenjahres. Die fünfte Bahn durchläuft der kleinste Planet, Vesta, in drei Jahren und 225 Tagen um die Sonne. Juno, welcher Planet die sechste Bahn einnimmt, braucht zu seinem Lauf um die Sonne 4 Jahre und 131 Tage. Die siebente Bahn durchläuft der Planet Ceres, und vollendet sie in 4 Jahren und 220 Tagen. Auf Ceres folgt zunächst Pallas, welcher Planet auf der achten Bahn seinen Lauf um die Sonne in 4 Jahren und 221 Tagen vollendet. Jupiter, der größte aller Planeten in unserem Sonnensysteme, nimmt mit seinen 4 Monden die neunte Bahn ein, und vollendet sie in 11 Jahren und 314 Tagen. Gegen 100 Millionen Meilen hinter dem Jupiter wandert auf der zehnten Bahn Saturn mit seinen 7 Monden. Er beendigt erst in 29 unserer Erdenjahre und in 166 Tagen seinen Lauf um die Sonne. Wunderbar ist der ihn umgebende Doppelring, welcher aus einer Menge größerer und kleinerer Trabantenkugeln besteht, die nach Art eines sogenannten Rosenkranzes an einander gereiht sind. Uranus mit seinen 6 Monden, welcher seinen Weg auf der elften Bahn in 84 unserer Erdenjahre vollendet, ist wahrscheinlich der äußerste oder von der Sonne am weitesten entfernte Planet. Wenn nun also ein Uranusjahr so viele Erdenjahre in sich faßt, als zu einem schon sehr hohen Menschenalter gehören; so müssen wir Erdenbewohner uns gegen die Bewohner des Uranus fast wie Eintagsfliegen vorkommen*) — — Kannst du mir nun sagen: was sind Fixsterne?

Sch. Sterne, welche ihr eigenes Licht und Wärme haben, und immer an einer und derselben Stelle gesehen werden.

L. Was sind Hauptplaneten?

Sch. Es sind an sich dunkle und kalte Körper, welche, außer der Bewegung um ihre eigene Achse, sich auch um einen Fixstern bewegen müssen, um von diesem Licht und Wärme zu erhalten.

L. Was sind Nebenplaneten?

Sch. Ebenfalls dunkle und kalte Körper, welche sich um ihre eigene Achse, und, um Licht und Wärme zu er=

*) Zu bequemerer Uebersicht der Größe der Planeten unsers Sonnensystems, und der Dauer ihres Umlaufs um die Sonne u. s. w. dient die beigegebene Tabelle.

halten, auch um einen Hauptplaneten und mit diesem um die Sonne bewegen müssen.

L. Das habt ihr gut behalten. Aber außer den erwähnten Sternen giebt es noch eine vierte Art, die nur selten erscheinen, und dann immer einen langen, schimmernden, durchsichtigen Schweif haben. Kannst du mir sagen, wie solche heißen?

Sch. Kometen oder Schweifsterne. Unser Kutscher sagte: Wenn solch ein Komet am Himmel zu sehen ist, so bedeutet er Krieg, Pest, Theuerung u. dergl. m.

L. Das glaubten sonst, und glauben auch wohl jetzt noch viele Menschen; aber was die Menschen glauben, ist nicht immer alles richtig. Glauben nicht noch Viele an Hexen und Gespenster?

Sch. Ja, die giebt es aber nicht.

L. Nun seht, eben so wenig ist ein Komet eine Anzeige von Krieg und böser Zeit. Wäre euer Kutscher in seiner Jugend eben so unterrichtet worden, als ihr jetzt werdet, so würde er auch nicht mehr an das glauben, was von Abergläubischen den Kindern vorgeredet wird. — Ein solcher Komet steht nicht still an einem Orte des Himmels — wäre das der Fall, wie müßte er dann heißen?

Sch. Ein Firstern.

L. — sondern er läuft, wie die Planeten, eine geordnete Bahn am Himmel um die Sonne, aber auf einem so langen Wege und in so außerordentlich länglicher Bahn (s. Fig. 8), daß viele Jahre damit hingehen, ehe er einmal seinen Weg vollendet. Die Sternkundigen haben von manchem Kometen schon die Zeit berechnet, wann er wiederkommen würde, und es ist eingetroffen. So kennt man einen (den sogenannten Halleischen Komet), der 75 bis 76 Jahre zur Vollendung seines Weges gebraucht, und in den letzten Monaten des Jahres 1835 uns wieder sichtbar wurde, einen andern, der 575, und noch einen, der gar 7334 Jahre zu seinem Umlaufe nöthig haben soll. Aus dieser Berechnung, so wie aus den segensreichen Kometenjahren 1811 und 1819 kann man ersehen, daß die Kometen keine Strafruthen Gottes und Vorboten von Krieg und andern großen Unglücksfällen für die Menschheit bedeuten können. Wie thöricht und schädlich wäre es, noch in unsern Tagen so etwas zu glauben, und durch solchen Glauben sich mit grundloser Furcht erfüllen zu lassen. Die Gestirne haben auf die Schicksale der Menschen durchaus keinen Einfluß; den hat nur Gott, der gütige Vater, der Alles zum Besten lenkt. Und überhaupt:

Der Mann, der Gottes Vorsicht traut,
Den schreckt kein Himmelszeichen;
Nur Wonne ist's, wohin er schaut,
Und Schreckensbilder weichen.

Vierte Unterredung.

L. Heute müssen wir noch Manches vom Kalender lernen. Zuerst will ich euch erklären, was das heißt: Alter und neuer Kalender. Nimm diesen Kalender und schlage einmal den ersten Monat auf; steht da nicht an der Seite rechts oben: Alter?

Sch. Ja, aber alter December.

L. Richtig. Links oben steht aber: Januar, und dann folgen nach unten herunter die Zahlen, die das Datum (den Monatstag) anzeigen, 1, 2, 3 u. s. w. Rechts unter dem alten Kalender stehen auch solche Zahlen, welche das Datum des alten Kalenders anzeigen. Nun sieh einmal nach, welches Datum der alte Kalender hat, wenn vorn im neuen der 1. Januar steht.

Sch. Den 20. December.

L. In welchem fängt also das neue Jahr später an?

Sch. Im alten.

L. Um wie viele Tage?

Sch. Um 12 Tage.

L. Nun hört! Der alte Kalender wird auch der julianische genannt, weil der römische Kaiser Julius Cäsar schon 45 Jahre vor Christi Geburt denselben so hat machen lassen. Dagegen nennt man den neuen Kalender den gregorianischen, weil der Papst Gregor — sage mir aber erst, was ein Papst ist?

Sch. Ein Papst ist das Oberhaupt der katholischen Kirche, oder der oberste Bischof unter den Katholiken.

L. Wo wohnt er?

Sch. In Rom.

L. Also weil der Papst Gregor XIII. im Jahre 1582 den julianischen Kalender, welcher noch nicht richtig war, indem er das Jahr um 11 Minuten und 15 Sekunden zu lang annahm, so daß der 1. Januar damals schon um 10 Tage zu spät kam, ganz richtig machen ließ. Es wurden nämlich diese 10 Tage im October weggelassen, indem man nach dem 4. October gleich den 15. schrieb. Zugleich sorgte man auch dafür, daß künftig nicht wieder eine solche Abweichung von dem wirklichen Sonnenjahre entstehen konnte, die natürlich mit jedem Jahre um 11 Minuten und 15 Sekunden größer werden muß; daher sie jetzt schon 12 Tage beträgt, und im Jahre 1900 dreizehn Tage betragen wird. Dieser neue oder verbesserte Kalender ist jetzt ganz richtig und wird gewiß nicht wieder abgeändert werden. — Weißt du, Kleiner, mir zu sagen, welches Volk noch den alten Kalender hat?

Sch. Die Russen.

L. Das wie vielste Datum schreiben wir also, wenn in Rußland Neujahr ist?

Sch. Den 13. Januar.

L. Man muß auf diesen Umstand Rücksicht nehmen, wenn in den Zeitungen Nachrichten aus Rußland mitgetheilt werden. Wenn erzählt wird, daß eine Begebenheit, z. B. die Schlacht bei Borodino den 26. August vorgefallen ist, so müssen wir 12 Tage zuzählen, um das Datum unsers neuen Kalenders zu erhalten, also den 7. September.

Wenn Einer Handel treibt, wonach sieht der wohl zuerst im Kalender?

Sch. Nach den Jahrmärkten.

L. Warum fahren, reiten, gehen die Menschen zu Markte?

Sch. Um dort etwas zu kaufen oder zu verkaufen.

L. Wie nennt man diejenigen, welche Schuhzeug, Hüte, Tücher, Seidenwaaren u. dergl. m. verkaufen?

Sch. Handwerker und Kaufleute.

L. Wann ist in unserer Stadt Jahrmarkt?

Sch. (Giebt es an). — Manche Leute sehen auch nach den Witterungsanzeigen im Kalender.

L. Ganz recht; es ist aber nicht rathsam, solchen Witterungs-Angaben im Kalender Glauben beizumessen; denn selbst der gelehrteste Mann von der Welt weiß das Wetter keinen Monat voraus, geschweige ein ganzes Jahr. Was sich im Laufe der künftigen Tage begeben wird, weiß Gott allein, der Alles lenkt und ordnet, was da geschehen wird, so wie er auch der Natur ihren Gang angewiesen hat, woran kein Mensch etwas ändern kann.

Sch. Warum wird denn aber in den meisten Kalendern noch immer die Witterung angezeigt?

L. Weil die Kalendermacher wohl wissen, daß unwissende Leute solche Witterungs-Prophezeihungen gern haben, so tragen sie auch kein Bedenken (da sonst viele Menschen aus Thorheit und Aberglauben keinen andern Kalender kaufen würden), dergleichen Witterungslügen in ihre Kalender mit aufnehmen zu lassen.

Sch. Manchmal stimmt aber doch die Angabe des Kalenders mit der eingetretenen Witterung überein?

L. Freilich, und dies öftere Zusammentreffen ist es eben, welches noch unwissende in der Meinung bestärkt, daß sie auf die Witterungs-Angaben im Kalender wie vor und nach bauen. Wenn diese Prophezeihungen aber nicht immer eintreffen, dann kann doch auch kein vernünftiger Mensch sich darauf verlassen. Es versteht sich von selbst, wenn es z. B. in einer Woche heißt: Wind und Regen, heiteres und trübes Wetter rc., so kann es gar leicht geschehen, daß das eine oder andere eintrifft. Seid ihr einmal groß geworden, und es kommt dann vielleicht ein Kalender ohne Witterungs-Anzeige, dann müßt ihr ihn gern annehmen, und dadurch beweisen, daß ihr nicht zu den unwissenden, abergläubischen Leuten gehört! — Wer einen lieben Freund oder Verwandten in der Ferne weiß, dem er zuweilen einen Brief schreibt, der forscht nach, ob sich auch in dem Abgange oder der Ankunft der Posten nichts geändert habe. Ein Anderer sieht nach, wann die hohen Festtage einfallen. Fallen denn diese nicht immer auf einen und denselben Monatstag (Datum)?

Sch. Ja, einige wohl, aber nicht alle.

L. Weißt du mir zu sagen, welche auf einen und denselben bestimmten Monatstag fallen?

Sch. Weihnachten und Neujahr.

L. Auf welche Tage fallen denn diese immer?

Sch. Weihnachten immer auf den 25. December, und Neujahr auf den 1. Januar.

L. Diese nennt man daher unbewegliche Feste. Zu diesen gehören auch noch: Epiphania oder das Fest der Erscheinung Christi den 6. Januar, und das Johannisfest den 24. Juni. Wann ist Michaelis?

Sch. Den 29. September.

L. Wann ist Bartholomäi?

Sch. Den 24. August.

L. Wann Martini?

Sch. Den 10. November.

L. Nach welchem Hauptfeste richten sich nun aber die sogenannten beweglichen Feste?

Sch. Nach dem Osterfeste.

L. In welchem Monate wird das immer gefeiert?

Sch. Entweder im März oder im April.

L. Richtig; aber der Tag dieses Festes muß jedes Mal im Kalender nachgesehen werden; denn es kann frühestens schon den 22. März und spätestens erst den 25. April einfallen, also um 35 Tage früher oder später kommen. So fiel Ostern nach dem neuen Kalender im Jahre 1791 erst auf den 24. April und im Jahre 1818 wurde es schon den 22. März gefeiert. Gewöhnlich aber fällt es zwischen diesen beiden Monatstagen ein. — Woher nun diese große Veränderlichkeit kommt, will ich euch jetzt erklären. — Weißt du noch, wann das Frühlings-Aequinoctium oder die Tag- und Nachtgleiche im Frühlinge ist?

Sch. Nach dem alten oder julianischen Kalender den 9. März, nach dem neuen oder gregorianischen Kalender aber den 21. März.

L. Nun werdet ihr auch verstehen, was ich sage. Um das christliche Osterfest nicht immer mit dem Passahfeste der Juden zugleich feiern zu lassen, wurde unter dem Kaiser Constantin dem Großen auf der großen Kirchenversammlung zu Nicäa im Jahre 325 nach Christi Geburt festgesetzt:
„das Osterfest soll immer an demjenigen Sonntage ge-
„feiert werden, welcher der erste ist nach dem Vollmon-
„de, der auf Frühlingsnachtgleiche (die man damals
„auf den 21. März fallend annahm) folgt; und wenn
„dieser Vollmond auf einen Sonntag fällt, so soll es
„acht Tage später gefeiert werden."

Trifft es sich nun, daß der Vollmond nach dem gregorianischen Kalender den 21. März eintritt, und dieser auf einen Sonnabend fällt; dann ist den folgenden Tag darauf, also den 22. März, bei uns schon Ostern. Trifft es sich aber, daß am 20. März Vollmond und also am 21. abnehmender ist; dann dauert es bis zum 4. April, ehe wieder Neumond kommt; da dieser nun 14 Tage lang zunimmt, so wird also Vollmond am 18. April sein; fällt dieser nun gerade auf einen Sonntag, so vergehen noch 7 Tage bis zum Feste; es fällt also auf den 25. April, folglich 35 Tage später, als wenn es den 22. März gefeiert wird. — Kannst du mir nun den Grund angeben, warum im Jahre 1838 Ostern auf den 15. April fiel?

Sch. Ja, weil wir am 21. März keinen Vollmond hatten, so mußte auf diesen bis zum 10. April gewartet werden, und da dieser Tag ein Dienstag war, so konnte das Osterfest auch erst den Sonntag darauf, also den 15. April, gefeiert werden.

L. Da aber, wie wir schon wissen, zwischen dem julianischen und gregorianischen Kalender gegenwärtig sich ein Unterschied von 12 Tagen befindet, und nach dem Beschlusse der nicäischen Kirchenversammlung das Osterfest erst nach dem 21. März gefeiert werden soll; so muß im julianischen Kalender das Einfallen dieses Festes in Hinsicht des Monatstages mit dem des oben angeführten gregorianischen sehr verschieden sein. Zu dem kommt noch, daß im julianischen Kalender die Ostervollmonde nach dem Mondszirkel berechnet werden, welcher eine wiederkehrende Reihe von 19 Jahren ist, nach deren Verfließung die Vollmonde wieder auf den nämlichen Tag fallen. Indeß ist es erwiesen, daß die Vollmonde nach dem Verlaufe dieses Zirkels nicht wieder auf eben die Stunde, sondern 1 Stunde, 28 Minuten und 15 Sekunden früher eintreten, welches natürlich in 310 Jahren einen ganzen Tag beträgt, so daß sie jetzt, weil seit der nicäischen Kirchenversammlung schon 1500 Jahre verflossen sind, beinahe 5 Tage früher einfallen, als sie jene Rechnung angiebt. Daher fiel Ostern auch in dem Jahre 1834 im julianischen Kalender viel später als im gregorianischen, weil der Vollmond, obgleich er mehre Tage nach der Frühlingsnachtgleiche eintraf, doch nicht den 21. März erfolgte, und also gewartet werden mußte, bis den 11. April ein zweiter Vollmond erschien; und da dieser im julianischen Kalender nach der Berechnung des Mondzirkels beinahe 5 Tage zu früh angezeigt wird, so war seine Eintreffung erst den 16. April anzunehmen. Nun war dieser Monatstag aber ein Montag, folglich konnte erst den darauf folgenden Sonntag, also den 22. April, das Osterfest gefeiert werden*). Jetzt sagt mir, welche kirchliche Feste wir Christen mit zwei Tagen feiern?

Sch. Weihnachten, Ostern, Pfingsten.

---

*) Da im Jahre 1828 die julianischen Ostern auf den 25. März, im Jahre 1832 auf den 10. April, im Jahre 1835 auf den 7. April und in diesem Jahre 1839 auf den 31. März fielen, so wurden (da der 25. März des alten Kalenders der 6. April des neuen, und der 10. April im alten der 22. April im neuen, und der 7. April im alten der 19. April im neuen, und der 19. März im alten der 31. März im neuen ist) in den vier Jahren 1828, 1832, 1835 und 1839 die julianischen und die gregorianischen Ostern auf einen und denselben Tag gefeiert.

L. Aus wie vielen Wörtern ist Weihnachten zusammengesetzt?

Sch. Aus zweien: Aus weihen und Nacht.

L. Weihnachten heißt also so viel, als **geweihte** oder **heilige** Nacht. Warum war denn aber jene Nacht so heilig?

Sch. Weil in derselben Jesus Christus geboren wurde.

L. Zu welchem Andenken feiern wir also Weihnachten?

Sch. Zum Andenken an die Geburt Jesu Christi, unseres Heilandes.

L. Weißt du auch noch, was das Wort „Advent" bedeutet?

Sch. Die Ankunft Christi.

L. Weswegen hat also der December diesen Namen?

Sch. Weil Christus (laut Nachrichten aus der ältesten Zeit des Christenthums) in diesem Monate geboren ist. Wie sind denn aber die Christen gerade auf den 25. December gekommen, da in der Bibel doch nichts davon steht, daß Jesus an diesem Tage geboren ist.

L. Das soll dir aus Folgendem deutlich werden: Die heidnischen Römer beteten unter andern auch einen Gott Namens Saturnus an. Von diesem erzählten sie nun, daß er eine Zeit lang König in Italien gewesen sei und unter seiner Regierung habe es keine Kriege, keine Processe, keine Feindseligkeiten gegeben. Auch die Erde habe Alles, ohne erst bearbeitet zu werden, von sich selbst im Ueberflusse hervorgebracht. Ja, in den Flüssen wäre sogar Milch und Wein statt des Wassers geflossen, und alle Menschen wären fromm und äußerst glücklich gewesen. Um nun diese Zeit, welche sie vorzugsweise das goldne Zeitalter nannten, im Andenken zu erhalten und nachzuahmen, feierten die Heiden in Rom die letzte Woche im Jahre, also vom 25. December bis zum 1. Januar, auf eine seltsame Weise. Alle Processe mußten in dieser Woche aufhören, kein Gericht wurde gehalten, selbst die Herren durften ihren Sklaven in dieser Zeit nichts befehlen, und jeder durfte thun was er wollte, nur Keinen beleidigen. Dieß Fest nannten sie das Saturnsfest oder die Saturnalien. Als nun das Christenthum sich auch in Rom ausbreitete, deren Bekenner aber in den ersten Jahrhunderten oft arg unterdrückt und verfolgt wurden, und sich doch sehnten ein Fest zum Andenken an Jesu Geburt im December zu feiern, so kamen ihnen die Saturnalien recht erwünscht; denn in dieser Zeit durfte ja Keiner beleidigt werden und so konnten sie ungestört in ihren Versammlungen das Weihnachtsfest feiern. Uebrigens schreibt sich noch eine recht freundliche Gewohnheit davon her. Die Heiden pflegten am ersten dieser Tage einander Geschenke zu geben, aus Freude, daß sie die Zeit dieser freundlichen Erinnerungen wieder erlebt hatten. Kannst du mir nun sagen, was davon herkommt?

Sch. Daß uns unsere Aeltern ein Weihnachtsgeschenk machen.

L. Ja, um dadurch euch ihre Freude über das Geburtsfest Jesu zu bezeugen, und euch selbst diese Tage der Erinnerung an seine Erscheinung auf Erden so angenehm als möglich zu machen. — Zu welchem Andenken feiern wir Ostern?

Sch. Zum Andenken an die Auferstehung Jesu Christi aus dem Grabe.

L. Auch bei unseren alten heidnischen Vorfahren ist der Name „Ostern" schon gebräuchlich gewesen. Sie feierten nämlich in der Zeit der Frühlings-Tag- und Nachtgleiche das Erwachen der Natur aus ihrem Winterschlaf, oder den Sieg der Sonne über den Winter, und Osterfest hieß es entweder von einer Göttinn Ostera (Mondgöttinn), oder von dem Worte Ostar, welches so viel als Fruchtbarkeit und Wachsthum bedeutet. Der Aufgang der Sonne wurde an diesem Tage mit Jubelgeschrei begrüßt, Opfer wurden gebracht und Lieder zur Ehre des Kriegsgottes Odin gesungen. Von diesem alten Feste stammen auch noch unsere Ostar-Eier, mit welchen man sich in jenen Zeiten beschenkte, und die überall als das Sinnbild der Fruchtbarkeit oder des geheimnißvollen Naturlebens galten. — Zu welchem Andenken feiern wir Pfingsten?

Sch. Zum Andenken an die Ausgießung des heiligen Geistes über die Apostel.

L. Das heißt: Zum Gedächtniß des wichtigen Tages, an welchem unter einer gewitterähnlichen außerordentlichen Naturerscheinung den versammelten Aposteln der höhere Gottesgeist so wunderkräftig mitgetheilt wurde, daß sie Muth und Fähigkeit bekamen, auszugehen in alle Welt und das Evangelium zu predigen. — Nun nennt mir die **eintägigen** Feste!

Sch. **Neujahr, Charfreitag, Himmelfahrtstag und Bußtag.**

L. Der Bußtag ist eigentlich kein christlicher Religions-Festtag, sondern ein für die Sünden und Bedürfnisse des Volkes vom Landesherrn angeordneter Tag der Buße und des Gebetes zur ernsten Selbstprüfung, und zur aufrichtigen Reue und Bekehrung zu Gott. — Auf welchen Tag im Jahre fällt bei uns dieser Bußtag?

Sch. Auf die Mittwoche nach dem ersten Fastensonntage, welcher Tag auch Quatember heißt. Was wird denn aber unter dem Namen Quatember verstanden?

L. Diese Benennung stammt vom lateinischen Zahlworte **quatuor**, welches vier, und dem Namenworte **tempora**, welches Zeiten heißt, ab, und bedeutet also vier Zeiten, nämlich Quartale oder Vierteljahre. Der erste Quatember fällt allezeit auf die Mittwoche nach dem ersten Fastensonntage, der zweite auf die Mittwoche zwischen Pfingsten und Trinitatis, der dritte auf die nächste Mittwoche nach Kreuzes Erhöhung, und der vierte auf die Mittwoche nach dem dritten Adventsonntage. Nach der Verordnung des christlichen Alterthums sollten die Quatember Buß= und Bettage sein; daher fällt auch der gewöhnliche Bußtag in einigen Ländern auf einen derselben. — Wozu feiern wir Neujahr?

Sch. Zum frommen Anfange eines neuen Jahres.

L. Warum feiern wir den Charfreitag?

Sch. Weil an diesem Tage Jesus Christus gekreuziget und gestorben ist.

L. Merkt euch auch: Der Charfreitag hat seinen Namen von dem griechischen Worte Charis, d. h. Gnade, weil Gott an diesem Tage durch den Tod seines Sohnes den Beweis seiner großen Gnade gegeben. Manche haben auch das Wort Char von dem alten deutschen Worte: „Gara," welches so viel als Vorbereitungs= oder Rüsttag heißt, ableiten wollen. Wie viele Tage vor Ostern fällt dieser Todestag unsers Erlösers ein?

Sch. Drei Tage vor Ostern.

L. Zu welchem Andenken feiern wir das Himmelfahrtsfest?

Sch. Zum Andenken an die Himmelfahrt Jesu Christi.

L. Wann haben wir diesen Tag?

Sch. Immer den 10ten Tag oder den 2ten Donnerstag vor Pfingsten.

L. Und den wie vielsten Tag nach Ostern kommt Pfingsten?

Sch. Den 50sten Tag nach Ostern.

L. Seht, das sagt schon ohnehin der Name: Pfingsten, welcher von dem griechischen Worte Pentekoste, d.

h. der funfzigste, abgeleitet ist. — Wie viele Wochen sind also zwischen beiden Festen?

Sch. Sieben Wochen.

L. Nun von etwas Anderem. Was die Zeichen: ♈, ♉, ♊, ♋, ♌, ♍, ♎, ♏, ♐, ♑, ♒, ♓ bedeuten, könnt ihr auf der ersten Seite des Kalenders lesen; doch ist es nothwendig, um das Folgende besser verstehen zu können, daß ich euch über Manches davon Aufschluß gebe. Der Kreis, den die Sonne jährlich zu durchlaufen scheint, indem sie täglich etwas in demselben von Abend gegen Morgen fortrückt, den aber eigentlich die Erde durchläuft, heißt die Sonnenbahn oder mit einem fremden Worte die Ekliptik. Diese Sonnenbahn wird nach den 12 Monaten des Jahres in 12 gleiche Theile getheilt, so daß auf jeden Monat ein Theil kommt, welchen die Sonne in dieser Zeit zu durchlaufen scheint. Man nennt sie die 12 himmlischen Zeichen, und die Sonnenbahn selbst auch den Thierkreis, weil in den 12 Theilen derselben zugleich Sternbilder vorkommen, welche meistens den Namen von Thieren führen*).

Bevor ich euch aber die Bedeutung dieser 12 Zeichen sage, müsset ihr erst wieder einen Vers auswendig lernen:

Widder, Stier und Zwillingsbrüder
Bringen uns den Frühling wieder;
Krebs und Löw' und Jungfraustern
Geben große Sonnenhitze;
Wage, Skorpion und Schütze
Sind im Herbst gestrenge Herr'n;

---

*) Für diejenigen, welche sich diese Sache etwas mehr verdeutlichen wollen, wird folgende Vergleichung, aus dem Denkfreunde von Schlez, willkommen seyn: „Gesetzt, ihr „ginget in einem weiten runden Thurme, welcher um und „um mit einer Reihe von Bildern geziert wäre, um einen „mitten herabhangenden Kronleuchter, so würdet ihr nach „und nach ein Bild um das andere hinter dem Kronleuch„ter sehen, bis ihr wieder auf den alten Fleck kämet. Der „Kronleuchter soll nun die Sonne, die Bilder an der Wand „sollen die Sternbilder im sogenannten Thierkreis, und euer „Kopf soll die Erde vorstellen, wie sie um die Sonne her„umläuft. Nun wisst ihr deutlich, was es heißt: die Sonne „steht in dem oder jenem himmlischen Zeichen. — — Eben „diese Sternbilder sieht man auch hinter dem Monde; die„ser aber kommt beiläufig zwölf Mal öfter als die Sonne „vor jedes Sternbild u. s. w., daher im Kalender bei je„dem Tage ein Sternbild steht, wovon der gemeine Mann — „ohne Sinn und Verstand, oft aber mit abergläubischen „Nebenideen sagt: „Heute regiert der Krebs, der Löwe, „die Jungfrau u. w."

Steinbock, Wassermann und Fische
Machen Felder kahl und Büsche.

Wenn ich euch diesen Vers noch zweimal langsam vorsage, dann wird doch Einer von euch ihn wohl ohne Anstoß hersagen können! Widder, Stier u. s. w. — Nun, wer wagt's jetzt, ohne meine Hilfe den Vers herzusagen?

Sch. Ich. Widder, Stier u. s. w.

L. Ihr Kleinern werdet diesen Vers doch auch recht gern auswendig lernen wollen; gebt daher recht Acht, der Erste wird ihn noch einmal vorsagen. — Nun hört weiter! Schon vor 2000 Jahren gab man den Sternbildern, in welchen die Sonne nach den verschiedenen Monaten zu stehen schien, die vorher genannten Namen, und zwar aus folgenden Gründen:

Der Widder bezeichnet den März, weil gewöhnlich die Schafe um diese Zeit lammen.

Der Stier den April, weil alsdann die meisten Kühe kalben.

Die Zwillinge, d. h. Zwillingsziegen, den Mai, weil die Ziegen alsdann Junge gebären.

Der Krebs sollte, wenn der längste Tag gewesen ist, den scheinbaren Rückgang der Sonne im Junius andeuten; denn ist der längste Tag gewesen, so scheint die Sonne wieder rückwärts oder den Krebsgang zu gehen, und dadurch werden die Tage allmählich kürzer.

Der Löwe, als das hitzigste unter den Thieren, wird zum Sinnbilde des heißen Julius, in welchem die Hundstage anfangen, gewählt; grimmig, wie ein Löwe, versengt gewöhnlich die Hitze die dürstende Erde.

Die Jungfrau, ein Schnittermädchen mit Kornähren in den Händen, bezeichnet den Erntemonat August. Was bezeichnet also der Widder? — was der Krebs? — was der Stier? — was der Löwe? — was die Zwillinge? — was die Jungfrau?

Nun weiter! Was kommt jetzt?

Sch. Wage, Skorpion und Schütze sind im Herbst gestrenge Herr'n.

L. Die Wage sollte die Gleichheit des Tages und der Nacht im September vorstellen.

Der Skorpion (ein großes scharfstechendes Insekt) ist das Sinnbild der Krankheiten, welche sich besonders im October einstellen.

Der Schütze bezeichnet den November, als Lieblingsmonat der Jäger. — Was kommt nun?

Sch. Steinbock, Wassermann und Fische machen Felder kahl und Büsche.

L. Der Steinbock, welcher gegen Felsen anklimmt, deutete auf die scheinbar wieder aufsteigende Sonne im December; denn wenn der kürzeste Tag vorbei ist, so scheint die Sonne uns wieder näher zu kommen, und macht dadurch die Tage allmählich länger.

Der Wassermann, der einen Wasserkrug ausgießt, bezeichnete die Regenzeit, welche in jener Weltgegend (nämlich im Morgenlande, d. h. in Asien, wo die Chaldäer, die ersten Sternbeobachter, wohnten) in den Januar fiel.

Die Fische sollten die Zeit des Fischfanges oder auch die Laichzeit der Fische im Februar anzeigen.

Was bezeichnet also die Wage? — was die Fische? — was der Steinbock? — was der Schütze? — was der Wassermann? — was der Skorpion? — Erster, wiederhole noch einmal die Bedeutung der himmlischen Zeichen! Ihr andern gebt Acht, ob er Alles richtig angiebt!

Nun weiter von unserm Kalender!

Was aber von den Mondesvierteln, von Mond- und Sonnenfinsternissen im Kalender steht, das müsset ihr auf jeden Fall verstehen lernen. Sucht es einmal im Kalender auf und leset's! — Vielleicht versteht ihr das schon?

Sch. Nein.

L. Nun, dann werde ich euch dies in der künftigen Stunde erklären, wenn ihr recht aufmerksam sein wollt.

Fünfte Unterredung.

L. Weißt du noch, wovon wir heute etwas lernen wollten?

Sch. Von den Mondesvierteln.

L. Ja, von denen soll heute die Rede sein. Zuvor seht euch aber noch einmal diese Zeichnung (Fig. 7.) an. In der Mitte steht die Sonne; um dieselbe herum bewegen sich in länglichen Kreisen von Abend gegen Morgen ihre Planeten. Welchen dieser Planeten müssen wir vorzüglich genau berücksichtigen?

Sch. Unsere Erde.

L. Die wievielste Bahn um die Sonne durchläuft sie?

Sch. Die dritte von der Sonne aus gerechnet.

L. Wie lange Zeit braucht sie dazu?

Sch. 365 oder 366 Tage.

L. Wie wird der kleine Himmelskörper genannt, welcher um die Erde sich bewegt?

Sch. Dies ist der Trabant, der Mond.

L. Dieser macht seinen Lauf um die Erde zwölf Mal in jedem Jahre; davon rühren nun die zwölf Monate her. — Wie oft kommt nun aber wohl der Mond auf seiner Bahn zwischen Sonne und Erde so zu stehen, wie hier auf der Zeichnung?

Sch. Zwölf Mal.

L. Und wie oft muß er daher auch jenseit der Erde stehen, von der Sonne aus gerechnet?

Sch. Auch zwölf Mal.

L. Und wie oft auf jeder Seite?

Sch. Ebenfalls zwölf Mal.

L. Nun seht, aus diesem verschiedenen Stande des Mondes gegen die Erde wird auch eine merkwürdige Erscheinung beim Wasser erklärt, welche Ebbe und Fluth heißt. Das Wasser in dem großen Weltmeere erhebt sich nämlich täglich zweimal gegen das Ufer, es schwillt an, und tritt eben so oft wieder zurück. Das Steigen nennt man Fluth und das Fallen Ebbe. Anfangs steigt das Wasser allmählich, dann geschwinder, bis es nach 6 Stunden die größte Höhe erreicht. Wächst es nicht mehr, so ist hohe oder volle See. Es bleibt alsdann ungefähr eine halbe Stunde lang stehen, und fällt hernach wieder 6 Stunden lang bis zum niedrigsten Stande; dies nennt man die tiefe See; und so fängt das Wasser, nach etwa halbstündigem Stillstande, wieder an zu steigen, etwas über 6 Stunden lang, immer abwechselnd fort, doch so, daß zum Fallen meist mehr Zeit, als zum Steigen erfordert wird; indessen kann man doch im Ganzen 6 Stunden für jedes annehmen. Wenn also z. B. um Mittag das Wasser anfängt zu steigen — wie nennt man das?

Sch. Die Fluth.

L. Oder wenn also die Fluth kommt, so hat es bis wie lange seine größte Höhe erreicht?

Sch. Bis um 6 Uhr.

L. Was fängt nun an?

Sch. Die Ebbe.

L. Was heißt das?

Sch. Das Wasser fängt an zu fallen.

L. Und bis wie viel Uhr wird dies Fallen dauern?

Sch. Bis um 12 Uhr in der Nacht.

L. Von Mitternacht bis 6 Uhr Morgens steigt es wieder, und fällt dann von dieser Stunde bis — ?

Sch. Bis Mittag 12 Uhr.

L. Die Ursache dieser Erscheinung soll der Mond sein. Sonne, Mond, Erde und überhaupt alle Weltkörper erhalten sich nämlich in ihren Bahnen durch eine gewisse gegenseitig wirkende Kraft, welche die Anziehungskraft heißt, und die immer größer ist, je mehr Masse ein Körper enthält und je näher sich die einander anziehenden Körper kommen. So zieht nun auch die Erde ihren Trabanten, den Mond, und dieser wieder die Erde an. Indessen kann der Mond, weil er kleiner ist, also auch weniger Masse hat, die Erde nicht aus ihrer Laufbahn um die Sonne entfernen, sondern vermöge seiner Anziehungskraft, welche in Hinsicht auf das Wasser, als einen flüssigen Körper, stärker ist, als auf das Land, zieht er das Wasser im Meere da, wo er über demselben steht, zwischen 6 und 13 Fuß in die Höhe*). Da nun die Erde alle 24 Stunden sich einmal von Abend nach Morgen um ihre Achse dreht, so muß sie auch alle 6 Stunden den Mond auf einer andern von ihren 4 Hauptseiten haben. Stände er also z. B. Mittags um 12 Uhr bei *No.* 4 (Fig. 9.), so würde das Meer auf der Erdkugel nach *No.* 4 hin Fluth haben; und da zugleich die Erde angezogen wird, so muß auf der entgegengesetzten Seite, nach *No.* 2 hin, (oder bei den Gegenfüßlern) zugleich auch Fluth sein, von den beiden Seiten nach *No.* 1 und 3 hin aber das Wasser weggezogen werden, dort also Ebbe sein. (Der Erste wiederhole das!) Steht nun aber der Mond auf der Seite bei *No.* 1, so ist auf dem Meere, nach 1 hin, Fluth; und was ist gegenüber, nach *No.* 3 hin?

Sch. Auch Fluth.

---

*) Die anziehende Kraft der Sonne, die aber wegen ihrer großen Entfernung von der Erde weit geringer ist, als die des Mondes, kann das Wasser nur 2 Fuß erheben. Zur Zeit des Neu- und Vollmondes, in welcher Sonne, Mond und Erde fast allemal beinahe und zuweilen völlig in gerader Linie sind, vereinigt sich die anziehende Kraft des Mondes mit der der Sonne. Die Wirkung auf Ebbe und Fluth ist alsdann desto stärker, und das Wasser im freien Meere muß an 15 Fuß in die Höhe steigen. Der höchste Stand des Wassers in dieser Zeit wird Springfluth genannt.

L. Ganz recht; was ist aber oben und unten, nach *No.* 4 und 2 hin?

Sch. Ebbe.

L. Und zwar um wie viel Uhr?

Sch. Um 6 Uhr Abends.

L. Kannst du mir nun sagen, was auf jeder der vier Seiten ist, wenn der Mond in *No.* 2 steht?

Sch. Nach 2 und 4 hin ist in dem Meere Fluth, nach 3 und 1 hin aber Ebbe.

L. Und was würde die Uhr dann sein?

Sch. 12 Uhr in der Nacht.

L. Steht nun aber der Mond bei *No.* 3, dann ist — ?

Sch. Dann ist nach 3 und 1 hin Fluth, nach 2 und 4 hin aber Ebbe.

L. Und um wie viel Uhr?

Sch. Um 6 Uhr Morgens.

L. So muß also diese Veränderung alle 6 Stunden erfolgen, und zwar so, daß beständig auf zwei Seiten der Erde Ebbe, und auf zwei Seiten derselben Fluth ist. Doch in der Ostsee, wie im mittelländischen Meere ist wenig von Ebbe und Fluth zu bemerken, weil diese Gewässer nur durch Meerengen — was ist denn aber eine Meerenge?

Sch. Ein schmales Wasser, das zwei Meere mit einander verbindet.

L. Also, weil diese Gewässer nur durch Meerengen mit dem Weltmeere — so nennt man diese große ungeheure Wassermasse, welche unsre Erde von allen Seiten umfließt — verbunden sind, die in so kurzer Zeit, als Ebbe und Fluth dauern, nicht Wasser genug durchlassen, um in jenen großen Ausdehnungen eine merkliche Erhöhung oder Erniedrigung des Wassers zu bewirken. — Wo kommt wohl in der Bibel die merkwürdigste Ebbe und Fluth vor?

Sch. Bei dem Durchgange der Kinder Israel durchs rothe Meer.

L. Die Erzählung davon steht im 2. Buch Mose 14, 21—28; lies sie einmal vor! —

Von wem war dieselbe so wunderbar veranstaltet, und warum?

Sch. Von Gott, um das jüdische Volk zu retten und das Heer des Pharao zu verderben.

L. Darum, wie sagt Moses in seinem Dankliede Kap. 15, 8—11? — Und wie heißen die ersten Worte des Propheten Nahum Kap. 1, 8?

Sch. „Wenn die Fluth überläuft u. s. w.“

L. Groß ist Gott in allen Begebenheiten, die er dem Menschen zeigt. — Jetzt will ich euch erklären, warum wir nicht immer den ganzen Mond sehen.

Wir wissen schon, daß der Mond, wie unsre Erde, ein dunkler Körper ist, der sein Licht, so wie diese, von der Sonne bekommt. Da aber die Sonne von einem jeden runden Körper nur die Hälfte erleuchten oder bescheinen kann, so erleuchtet sie den Mond, welcher, wie jeder Himmelskörper, eine kugelähnliche Gestalt hat, auch nur die Hälfte auf einmal, während er auf der andern Hälfte dunkel bleibt. Ferner wissen wir, daß der Mond uns immer eine und dieselbe Seite zukehrt. Ist nun diese Seite zugleich der Sonne zugekehrt, so daß sie diese erleuchtet, oder sein Tag ist, so sehen wir die ganze Mondhälfte, oder (weil sie uns wie eine Scheibe erscheint) die ganze Mondscheibe. Wird dagegen die andere uns nicht zugekehrte Hälfte von der Sonne erleuchtet, so schaut seine Nacht auf uns herab, und wir können dann nichts von dem Monde sehen. Auch trifft es sich, daß nur die Hälfte der uns zugekehrten Mondseite erleuchtet wird, und die andere erleuchtete Hälfte von uns absteht. Alsdann sehen wir nur die halbe Mondscheibe oder den vierten Theil des ganzen Mondes. Oefter ist auch noch weniger als die Hälfte der erleuchteten Seite des Mondes uns zugekehrt, und dann sehen wir natürlich auch weniger als ein Viertel des Mondes. Was wir dann sehen, ist einer schmalen Sichel ähnlich. Dies eben Gesagte wollen wir uns noch deutlicher machen. Du, Erster, tritt hierher! So! Jetzt wollen wir annehmen, dein Kopf stellte den Mond vor, und zwar dein Gesicht die erleuchtete, und der Hintertheil des Kopfes die unerleuchtete Hälfte. Nun geh' langsam einmal in diesem Kreise herum und zwar so, daß du dein Gesicht immer in den Kreis hineingekehrt hältst. Seht, jetzt sehen wir nichts von seinem Gesicht, jetzt schon etwas, nun das halbe Gesicht. Da er nun weiter im Kreise gekommen ist, so sehen wir auch schon etwas mehr, als die Hälfte, und nun — das ganze Gesicht. Da er nun weiter kommt, so sehen wir weniger als das ganze Gesicht, jetzt schon wieder nur die Hälfte; nun aber noch weniger als die Hälfte, und endlich nichts mehr vom Gesicht.

Eben so sehen wir auch zu gewissen Zeiten nichts vom Monde (wir nennen das Neumond); bald darauf aber etwas in Form einer schmalen Sichel und diese Sichel wird mit jedem Tage breiter, nimmt zu (wir haben zunehmenden Mond), bis wir die halbe Mondscheibe oder den vierten Theil des ganzen Mondes sehen (man sagt alsdann, der Mond sei im ersten Viertel). Von jetzt an wird dieser erleuchtete Theil von Tag zu Tag noch immer größer (haben wir noch zunehmenden Mond) bis wir endlich die ganze runde völlig erleuchtete Mondscheibe sehen (man nennt ihn jetzt Vollmond). Nun kommt die Zeit, in welcher der Mond ebenso allmählich anfängt wieder abzunehmen, als er vorhin zugenommen hatte und wir daher täglich weniger von ihm sehen (abnehmenden Mond bekommen), bis uns nur ein Viertel desselben erscheint (man sagt jetzt, der Mond sei im letzten Viertel) und wir zuletzt nichts vom Monde mehr sehen oder wieder Neumond haben. Zu bemerken ist hier noch, daß die Ausdrücke: der Mond nimmt zu oder ab, nicht eigentlich zu nehmen sind, sondern daß diese die Sache nur bezeichnen sollen, wie sie uns erscheint, nicht als die des Mondes, wie sie wirklich ist. Wir wollen, um uns die Sache recht deutlich zu machen, noch einmal Fig. 9 betrachten, wo a die Sonne, b die Erde und 1, 2, 3, 4, den Mond in seinen 4 Hauptstellen bezeichnet. Den Kreis, der die Bahn des Mondes um die Erde herum vorstellt, denkt euch in 4 gleiche Theile getheilt. Steht der Mond bei 4, also zwischen der Erde und der Sonne, aber nicht in gerader Linie, sondern etwas seitwärts, so wird diejenige Hälfte desselben, welche von uns absteht, von der Sonne erleuchtet; er kehrt uns dann bloß seine nicht erleuchtete Hälfte zu, und da er mit der Sonne auf- und untergeht, so können wir ihn auch nicht sehen, es ist dunkel in der Nacht, wir haben also Neumond. So wie aber der Mond von 4 weiter nach 3 geht, so zeigt er sich als eine leuchtende schmale Sichel, die immer breiter wird, je weiter der Mond nach Osten rückt; und ist er endlich so weit vorgerückt, daß er nach 7 Tagen bei 3 steht, so ist seine Stellung die, daß wir, indem wir ihn vor uns, die Sonne ganz zur Rechten haben, zugleich den vierten Theil von ihm oder die Hälfte seiner erleuchteten Seite sehen und haben also bei dieser Stellung das erste Viertel. (Der Mond geht jetzt Mittags auf, Mitternachts unter.) Bei dem weitern Fortrücken des Mondes nach 2 nimmt er noch über 7 Tage zu, d. h. er läßt uns in dieser Zeit immer mehr von seiner erleuchteten Seite sehen; bis wir, indem wir den Mond vor uns sehen, die Sonne hinter uns haben. Dann hat er aber auch die Hälfte seiner ganzen

Bahn zurückgelegt und steht bei 2, wir sehen seine erleuchtete Seite ganz und haben Vollmond. In diesem Falle sind wir, oder ist die Erde zwischen dem Monde und der Sonne, aber etwas tiefer oder höher als jene beiden. (Des Mondes Aufgang geschieht Abends; und wenn die Sonne am östl. Himmel emporsteigt, so sinkt er am westl. nieder.) Jetzt rückt der Mond noch weiter nach Osten herum und nimmt dadurch täglich so wieder ab, wie er vorher zugenommen hatte; nach 7 Tagen steht er bei 1, wo wir eben so viel von ihm sehen als bei 3 und haben das letzte Viertel. (Der Mond geht jetzt um Mitternacht auf und Mittags unter.) Noch haben wir 7 Tage abnehmenden Mond, bis er so weit nach Osten herumgerückt ist, daß er wieder zwischen der Erde und der Sonne sich befindet, so daß von der erleuchteten Hälfte des Mondes uns nichts sichtbar ist, und wir wieder Neumond haben. Die Zeit von einem Neu- oder Vollmonde zum andern dauert 29 Tage, 12 Stunden und 44 Minuten*). Nun will ich sehen, ob ihr's auch recht verstanden habt. Sieh diese Zeichnung wieder an, und sage mir, wo haben wir Vollmond? — wo Neumond? — wo erstes Viertel? — wo letztes Viertel? — Wann haben wir aber Vollmond? — wann Neumond? — Wie viel Tage vergehen von einem Neu- oder Vollmonde zum andern?

Sch. 29 Tage.

L. Da der Mond in dieser Zeit sich nur einmal um seine Achse dreht, wie lange dauert daher wohl sein Tag und wie lange seine Nacht?

Sch. Ein Tag des Mondes dauert etwas mehr als 14 unserer Tage und eben so lang ist seine Nacht.

L. Richtig. Jetzt sage mir, du Kleiner, wann haben wir das erste Viertel? — wann das letzte Viertel? —

---

*) Eigentlich vollendet der Mond seine Bahn um die Erde in 27 Tagen, 7 Stunden und 43 Minuten. So viel Zeit würde nun auch von einem Neu- oder Vollmonde zum andern verfließen, wenn die Erde unverrückt auf ihrer Stelle bliebe. Das ist aber nicht; sie rückt vielmehr auch täglich auf ihrer Bahn um die Sonne weiter fort, und zwar eine so beträchtliche Strecke, daß der Mond noch 2 Tage, 5 Stunden, 1 Minute und 3 Sekunden länger laufen muß, bis er wieder mit der Sonne und der Erde in die vorige Stellung kommt. Genau genommen verfließen daher von einem Neu- oder Vollmonde bis zum andern 29 Tage, 12 Stunden, 44 Minuten und 3 Sekunden, und also auch reichlich 7 Tage vom Neumonde zum ersten Viertel und so fort.

Sch. Kann ich es aber jedesmal wissen, wenn ich den Mond sehe, welches Viertel es gerade ist?

L. O ja, das kannst du schon am Auf- und Untergang des Mondes wissen! Du, Erster, wann geht der Mond im ersten Viertel auf und unter?

Sch. Im ersten Viertel geht er Mittags auf und Mitternachts unter.

L. Wann geht er aber im letzten Viertel auf und unter?

Sch. Im letzten Viertel geht er um Mitternacht auf und Mittags unter.

L. Wiederhole das, du Kleiner! — Nun seht, ihr könnt auch noch auf eine andere Art bestimmt erfahren, welches Mondsviertel wir haben. Erblickt ihr z. B. den Mond ungefähr in der Gestalt einer Sichel, so strecket eure rechte Hand nach ihm aus, und zwar so, als wolltet ihr ihn von der rechten Seite fassen. Wenn ihr ihn dann in den Rücken fasset, als bei a,

a

so ist das erste Viertel oder zunehmender Mond. Greift ihr aber inwendig hinein, als bei b,

b

dann ist das letzte Viertel, oder abnehmender Mond.

Die Stellung des Mondes im ersten Viertel läßt sich auch daran erkennen, daß sie Aehnlichkeit mit dem Anfangszuge des groß geschriebenen deutschen Z hat; dagegen die des letzten Viertels dem Anfangszuge des groß geschriebenen deutschen A ähnlich ist.

Ihr Kinder liebt gewiß alle den sanften, lieblichen Schein des Mondes; er ist aber auch für die Erwachsenen, welche in der Nacht zu gehen, zu reisen, oder zu arbeiten haben, recht angenehm. Wer aber am Tage recht fleißig gewesen ist, mag am Abende immer ein Stündchen des milden, schönen Mondlichtes sich freuen, und voll dankbarer, frommer Empfindungen dessen gedenken, der Alles so herrlich erschaffen hat. Nur glaube Niemand abergläubischen Leuten, wenn sie sagen: Das Geschäft, jene Arbeit wird dir besser beim Vollmonde, dies beim Neumonde gerathen. Es geräth meist Alles wohl, was wir mit Gott beginnen, und der liebe Mond kann dabei gar nichts thun.

Sechste Unterredung.

L. Was für eine Bewandniß hat es denn aber mit den Sonnen- und Mondfinsternissen, die wir auch jedes Jahr im Kalender aufgezeichnet finden? Darüber wollen wir heute gemeinschaftlich nachdenken. Daß die Erde sich um die Sonne bewegt, und der Mond um die Erde, zugleich mit der Erde aber auch um die Sonne, wißt ihr! Zuweilen geschieht es nun, daß sich diese Himmelskörper einander in das Licht treten. Trifft es sich z. B., daß der Mond, wie hier Fig. 10, in gerader Linie zwischen Sonne und Erde zu stehen kommt — wann kann aber dies nur eintreffen?

Sch. Wenn wir Neumond haben.

L. Richtig. Doch nicht bei jedem Neumond geschieht das; denn wie ihr schon wisset, geht er gewöhnlich etwas seitwärts zwischen diesen beiden Weltkörpern durch, so daß sein Schatten nicht auf die Erde fällt. Kommt aber der Mond in gerader Linie zwischen die Sonne und Erde zu stehen, so werden durch ihn, wenn auch nicht alle, doch ein Theil der Sonnenstrahlen verhindert, auf die Erde zu fallen, und wir sehen dann einen schwarzen, runden Schattenfleck, bald größer, bald kleiner, und weil es uns scheint, als werde die Sonne verdunkelt, so nennt man dies eine Sonnenfinsterniß. Eigentlich wäre aber der Name: Erdfinsterniß richtiger. Antworte, du Kleiner! kann die Sonne wohl finster gemacht werden?

Sch. Ja, wenn dunkle, dicke Wolken davor stehen.

L. Ja, dann scheint es so, aber es ist deshalb doch nicht wirklich so. Denke dir auf dem Tische ein brennendes Licht; wenn du in dasselbe siehst, wird dann dein Gesicht hell oder dunkel sein?

Sch. Hell.

L. Warum nicht dunkel?

Sch. Weil die Strahlen des Lichts darauf fallen und es erleuchten.

L. Wenn du aber zwischen Gesicht und Licht ein Buch oder die Hand hältst, wird nun auch noch dein ganzes Gesicht hell bleiben?

Sch. Nein; es wird ganz oder zum Theil dunkel werden, weil es ganz oder nur zum Theil in Schatten kommt.

L. Gut. Ist aber das Licht selbst auch verdunkelt

worden, oder ist es ein leuchtender Körper, wie es war, geblieben?

Sch. Es ist ein leuchtender Körper geblieben.

L. Nun seht, eben so verhält es sich mit einer Sonnenfinsterniß. Das Licht ist die Sonne; das vorgehaltene Buch oder die Hand ist der Mond; dein Gesicht ist die Erde. Durch den Schatten des Mondes wird also nicht die Sonne, sondern unsre Erde verfinstert; man nennt es aber eine Sonnenfinsterniß, weil wir an der Sonne einen Theil dunkel erblicken. Warum können wir nicht anders eine Sonnenfinsterniß haben, als zur Zeit des Neumonds? — Warum haben wir diese Erscheinung nicht bei jedem Neumonde? — Sage nun noch einmal, wann wir eine Sonnenfinsterniß haben! — Du, Kleiner, wiederhole das eben Gesagte! —

Jetzt wollen wir über die Entstehung einer Mondfinsterniß nachdenken. Diese muß immer dann erfolgen, wenn, wie **Fig. 11.** zeigt, die Erde in g e r a d e r Linie zwischen Sonne und Mond zu stehen kommt. Wann kann aber dies nur eintreffen?

Sch. Wenn wir Vollmond haben.

L. Richtig. Doch nicht bei j e d e m Vollmonde; denn gewöhnlich geht derselbe so viel höher oder niedriger unter der Erde weg, daß er nicht durch den Erdschatten, welcher 186,000 Meilen lang ist, kommt. Nur dann haben wir eine M o n d f i n s t e r n i ß, wenn die Erde in g e r a d e r Linie zwischen ihm und der Sonne steht, der Mond also in den Schatten der Erde treten m u ß t e, dann erst sehen wir ihn entweder ganz oder nur zum Theil verdunkelt, und zwar so lange, bis die Erde weiter gerückt ist, und die Strahlen der Sonne wieder auf den Mond fallen. Der Mond selbst aber hat zu dieser Zeit eine Sonnenfinsterniß. Bei den Mondfinsternissen trifft es sich gewöhnlich, daß in der geraden Linie zwischen der Sonne und dem Monde ein T h e i l der Erde i n, aber ein anderer Theil a u ß e r h a l b derselben sich befinden. In diesem Falle haben wir eine p a r t i a l e, d. h. theilweise Mondfinsterniß. Steht dagegen die g a n z e Erde in dieser geraden Linie zwischen Sonne und Mond, so haben wir eine t o t a l e, d. i. gänzliche Mondfinsterniß. — Trifft es sich aber, daß nur ein T h e i l des Mondschattens in gerader Linie zwischen Erde und Sonne kommt, und der übrige Theil außerhalb der Linie seitwärts bleibt, so haben wir eine **p a r t i a l e** Sonnenfinsterniß; — was heißt das?

Sch. Eine theilweise Sonnenfinsterniß.

L. Kannst du mir nun sagen, wann wir eine totale Sonnenfinsterniß haben?

Sch. Wenn der Mond ganz in gerader Linie zwischen Erde und Sonne steht, dann haben wir eine totale oder gänzliche Sonnenfinsterniß.

L. Die Zeit, wann solche Sonnen- und Mondfinsternisse eintreffen, wird uns durch die Berechnung der Astronomen, d. i. gelehrten Sternbeobachter immer vorher im Kalender verkündigt. Da nun diese vorhergesagten Finsternisse auf die Stunde und Minute eintreffen, so ist dies ein Beweis, daß alle diejenigen, welche solche Erscheinungen für Unglücksboten halten, von großem Unverstande zeigen, zugleich aber auch, daß Alles, was die Astronomen vom Stillstehen der Sonne, vom Laufe der Planeten, von der runden Gestalt der Erde u. s. w. lehren, richtig sei. Denn wäre dies der Fall nicht, so würde das, was sie vorhersagen, auch nicht richtig sein.

Sch. Im Kalender ist aber auch oft von unsichtbaren Sonnen- und Mondfinsternissen die Rede; was heißt denn dies?

L. Es ist mir lieb, daß du darnach fragst. Wenn eine Sonnen- und Mondfinsterniß von den Bewohnern der andern Hälfte der Erde gesehen werden kann, auf welcher wir doch nicht wohnen, so heißt sie natürlich für uns eine unsichtbare. — Kannst du mir nun sagen, wann ist für die Wohnenden der andern und wann auf unserer Hälfte der Erde eine sichtbare? und wann eine unsichtbare Sonnen- oder Mondfinsterniß?

Sch. Wenn uns eine Sonnen- oder Mondfinsterniß sichtbar ist, so ist sie für die entgegengesetzten Gegenden unsichtbar; sind aber diese Finsternisse uns unsichtbar, so sind sie für die entgegengesetzten Gegenden sichtbar? Was sind denn aber im Monde die dunkeln Stellen? Einige sagen, daß es ein Mann mit einem Bündel Holz sei.

L. Daß dies nur ein Mährchen ist, wirst du selbst einsehen. Wie weit ist doch der Mond von der Erde entfernt?

Sch. 52,000 Meilen.

L. Nun denke selbst, welcher Mensch wäre wohl im Stande, aus dieser Entfernung einen Bündel und einen Mann zu sehen? Die Ursache dieser dunkeln Flecken, welche den dritten Theil der uns sichtbaren Mondhälfte einnehmen, sind Thäler und andere große Vertiefungen. Dagegen sind die in dem helleren Theile der Mondhälfte befindlichen runden Flecke mit glänzendem Rande, in deren Mitte gewöhnlich ein heller Punkt zu sehen ist, hohe Berge.

Sch. Ja, woher weiß man denn aber, daß diese runden Flecke, welche man mit bloßen Augen nicht einmal sehen kann, Berge sind?

L. Das soll dir gleich deutlich werden. Man hat durch gute Fernröhre (Teleskope) deutlich bemerkt, daß der glänzende Rand der vielen runden Flecke einen Seitenschatten wirft, der sich nach dem Stande der Sonne verändert; das ist aber nur bei hohen Gegenständen der Fall, folglich müssen diese Flecken Erhöhungen, Berge sein. Da man nun aus dem Schatten eines Dinges dessen Höhe messen und genau bestimmen kann, so hat man auch auf diese Art die Mondberge ausgemessen, und dadurch gefunden, daß es im Monde Berge giebt, welche den auf der Erde bis jetzt bekannten höchsten Berg, nämlich den Dholagir in Asien, welcher 26,862 Fuß hoch ist, an Höhe bedeutend übertreffen. Auch ist es erwiesen, daß es auf dem Monde weit mehr Berge giebt, als auf unserer Erde.

Sch. Läßt sich nicht auch behaupten, daß es auf dem Monde und den übrigen Himmelskörpern Pflanzen, Thiere und Menschen gäbe?

L. Kinder, darüber läßt sich Nichts mit Gewißheit behaupten, aber vermuthen kann man doch so Manches. Sagt mir einmal: Giebt es denn außer der einen Sonne, die unsere Erde erleuchtet und erwärmt, keine andere Sonnen?

Sch. O ja; alle Fixsterne sind ja auch Sonnen.

L. Und ohne Zweifel hat jede dieser und aller unzähligen Sonnen wieder ihre dunkeln Welten, gewiß oft in noch größerer Zahl, als unsere Sonne ihrer hat. Könnten wir uns nun wohl einen weisen Zweck des Schöpfers dabei denken, wenn alle diese Sonnen und überhaupt alle die unzähligen Sterne, gegen welche unser ganzes Sonnensystem nur ein unbedeutender Punkt ist, unbewohnt wären, da schon auf dem kleinen Planeten, auf unserer Erde, so viele Menschen wohnen? Wir dürfen daher zuversichtlich annehmen, daß auf allen Himmelskörpern vernünftige Geschöpfe — vielleicht! höhere und heiligere, als wir sind — wohnen werden. Unser Weltheiland hat wohl recht, wenn er sagt: „In meines Vaters Hause sind viele Wohnungen!" O Gott, wer sollte bei dem Gedanken an dieses Alles nicht deine unendliche Macht bewundern, durch welche du Alles in Ordnung erhältst, nicht deine allumfassende Liebe erkennen, mit welcher du allen Bewohnern dieser zahllosen Welten Nahrung und Alles giebst! Wer sollte nicht über deine Weisheit erstaunen, die jedem dieser Weltkörper in dem Himmelsraume seine für ihn zweckmäßige Stelle anwies, seine Laufbahn bestimmte, und alle in ewigen Kreisen sich drehen hieß! Anbetungswürdiger Gott, du bist unendlich groß, unendlich erhaben, du bist unbegreiflich! und der weiseste und mächtigste Mensch der Erde ist nicht mehr gegen dich, als das kleinste Sandkörnchen gegen das unermeßliche Weltall! —

Siebente Unterredung.

L. Liebe Kinder, was der Mensch — obgleich sein Wissen hienieden immer nur Stückwerk bleibt — von den Weltkörpern weiß und vermuthet, haben wir in den vorigen Stunden gelernt. Was nützt es uns aber, dies zu wissen? Können wir dadurch etwas in der Welt verdienen?

Sch. O ja, ist man Lehrer, so kann man es für Geld wieder Andern lehren.

L. Das ist richtig. Aber Lehrer giebt es im Ganzen genommen immer nur wenige, und von euch wird vielleicht Niemand einer werden. Das könnt ihr mir aber zutrauen, daß ich um keinen Preis so viele Stunden hinbringen möchte, etwas zu lehren, was keinen Nutzen brächte; einen solchen muß ich also auch hier nachweisen. — Wenn ihr in unserem Orte die Kirche mit ihrem schönen hohen Thurme ansehet, werdet ihr dann glauben, daß dieses Gebäude von selbst entstanden sei?

Sch. Nein, es muß von einem Baumeister gemacht sein; denn von sich selbst kann nichts entstehen.

L. Da nun Kirche und Thurm so groß und schön sind, wie schließet ihr daher von dem Baumeister? kann dieser unwissend und ungeschickt gewesen sein?

Sch. Nein, er muß verständig und geschickt gewesen sein.

L. Betrachtet ihr nun das große Weltgebäude, so schließet ihr daraus auch auf den großen Baumeister desselben, nämlich auf wen?

Sch. Auf Gott.

L. Die Erkenntniß von dem Weltgebäude kann also zu welcher andern Erkenntniß führen?

Sch. Zur Erkenntniß Gottes.

L. Aber welche Gesinnungen entstehen aus der richtigen Erkenntniß Gottes?

Sch. Die Gesinnungen der Ehrfurcht, der Liebe und des Vertrauens gegen Gott.

L. Kurz: Fromme Gesinnungen gegen Gott. Wiederhole das Gesagte, jetzt ohne meine Hülfe, im Zusammenhange!

Sch. Die Erkenntniß von dem Weltgebäude führt uns zur richtigen Erkenntniß Gottes und zur Bildung frommer, religiöser Gesinnungen.

L. Ja, Kinder! nicht nur unsere Erde, mit Allem, was sie in sich fasset, sondern auch jene unzählbare Menge von Sternen, die am Abend, wenn die Sonne uns nicht mehr scheint, hoch über uns in dem großen Himmelsraume leuchten, mit einem Worte: die ganze Natur ist auch ein Buch Gottes, anstatt der Buchstaben, mit Bildern und Gestalten beschrieben, aus welchen wir die Allmacht, Weisheit und Güte des Schöpfers erkennen, so wie wir sie in der heiligen Schrift kennen lernen. — Wie heißt der Spruch Psalm 19, 1?

Sch. Die Himmel erzählen u. s. w.

L. „Die Himmel." Wie viele Himmel giebt es denn?

Sch. Es giebt dreierlei Arten von Himmeln.

L. Das war wohl nicht recht geantwortet. Wer von euch kann, nach dem, was ich darüber gelehrt habe, es richtiger angeben?

Sch. Das Wort „Himmel" kommt in dreierlei Bedeutung vor. Erstens, als Wolkenhimmel, z. B. wenn man sagt: Der Himmel ist trübe; zweitens, als Sternenhimmel oder als das sogenannte Firmament; und drittens, als Aufenthaltsort der Seligen, wenn man z. B. sagt: Die Frommen kommen nach diesem Leben in den Himmel.

L. Du hast dir das gut gemerkt. In welcher Bedeutung ist es nun bei unserm Spruche zu verstehen?

Sch. In der zweiten: vom Sternenhimmel.

L. Können denn aber die Sterne erzählen, predigen?

Sch. Nein. Das ist hier uneigentlich zu verstehen, und soll wohl so viel heißen: Wenn der Mensch mit Nachdenken die Sterne betrachtet, so muß er sich dabei selber gestehen: Dies Alles muß ein allmächtiger und liebevoller Gott gemacht haben. Sagen wir ja auch: „Das Werk lobt den Meister," und doch hat kein Meister ein Werk gemacht, welches hätte sprechen können.

L. Diese Anwendung war sehr gut. Eben so konnte also auch der Psalmendichter sagen: „Die Sterne erzählen." Darum Kinder, wenn es euch einmal schlecht geht in der Welt; wenn ihr in der Zukunft unglücklich seid, Kummer und Sorgen habt,

Dann schaut durch's nächt'ge Dunkel
Der Sterne mild Gefunkel!
Und leiser wird der Schmerz,
Und freier schlägt das Herz.

Oder, wenn euch der Tod Väter oder Mutter, Bruder oder Schwester, Freund oder Versorger entrissen hat, und ihr stille Thränen der Sehnsucht ihnen nachweint,

Dann geht hinaus in's Freie;
Schaut auf in jene Bläue!
Schaut auf zu jenen Höh'n,
Dort, dort herrscht Wiederseh'n!

Und wenn ihr bei Tage oder Nacht Alles betrachtet und anstaunt, was Gott gemacht hat; dann rufet mit David aus, wie er im 104. Psalm V. 24 sagt:

Sch. „Herr, wie sind deine Werke so groß und viel! Du hast sie alle weislich geordnet, und die Erde ist voll deiner Güter."

L. Diese Erde, welche uns Menschen eine Zeitlang als Wohnplatz vom Schöpfer angewiesen ist, müssen wir also vorzüglich genau betrachten; denn jedes vernünftige Wesen muß seine Wohnung kennen. Was für eine Gestalt hat sie?

Sch. Sie hat eine kugelförmige Gestalt, wie die übrigen Weltkörper.

L. Kannst du mir aber noch die triftigen Gründe wiederholen, welche uns beweisen, daß die Erde eine Kugelgestalt habe?

Sch. O ja.

1) Da alle Himmelskörper rund erscheinen, so wird die Erde, welche ja auch ein Stern ist, keine Ausnahme machen.

2) Der Schatten, welchen die Erde zur Zeit einer Mondsfinsterniß auf den Mond wirft, hat eine kreisförmige Gestalt.

3) Die Erfahrung lehrt, daß wir von entfernten hohen Gegenständen (Bergen, Thürmen, Schiffsmasten) zuerst nur die höchsten Spitzen und diese Gegenstände

nur dann ganz erblicken, wenn wir mit ihnen in gleicher Fläche stehen.

4) Wäre die Erde eine Ebene, so müßten alle Orte auf derselben die Sonne zu gleicher Zeit auf- und untergehen sehen. Das ist aber nicht der Fall, im südlichen Rußland z. B. ist früher Tag und daher auch früher Nacht als bei uns.

5) Bei einer weiten Reise von Süden nach Norden bemerkt man, daß der Polarstern immer höher zu stehen kommt; macht man aber eine weite Reise von Norden nach Süden, so bemerkt man, daß er immer mehr herabsinkt und zuletzt ganz verschwindet.

6) Wenn man auf dem großen Weltmeere nach einerlei Richtung fortschifft, z. B. gegen Aufgang der Sonne; so kommt man von der entgegengesetzten Seite, also vom Untergange der Sonne her, wieder an den Ort, von welchem man abreisete. Man kann also um die Erde herumschiffen.

L. Kannst du, Kleiner, noch einmal diese Gründe wiederholen? — Wer umschiffte denn auf diese Art zuerst die Erde?

Sch. Ferdinand Magellan, ein Portugiese.

L. In welchen Jahren?

Sch. In den Jahren 1519 bis 1522.

L. Der zweite, welcher von 1577 bis 1580 die Erde umschiffte, war Franz Drake, ein Engländer. Dieser brachte zuerst die Kartoffeln aus Amerika nach Europa, und ward dadurch der Retter von Tausenden von Menschenleben. Nach ihm schifften Anson, Cook und unter andern auch die kühnen Seefahrer J. A. von Krusenstern und Otto von Kotzebue (beide unsere Landsleute) um die Erde. — Alle diese Gründe zusammen machen es uns gewiß, daß die Erde eine Kugelgestalt habe. Doch das merkt euch dabei, daß sie nur beinahe diese Gestalt hat, indem sie, nach genauen Beobachtungen, im Norden wie im Süden etwas abgeplattet ist. In so fern ist sie einer Pomeranze ähnlicher, als einer vollkommnen Kugel.

Sch. Wie kann aber eigentlich die Erde eine Kugel sein, da so viele und hohe Berge auf derselben sind?

L. Nun sieh! Hier auf dieser Kugel liegen hin und wieder einzelne Sandkörner. Wie wird sie dadurch?

Sch. Uneben.

L. Aber ist sie wegen dieser Unebenheit keine Kugel mehr?

Sch. Das ist sie noch.

L. Nun seht! Die Berge betragen gegen die ganze Erde nicht einmal so viel, als diese Sandkörner gegen diese Kugel. — Denkt euch unter dieser Fig. 12 die Erdkugel. Die Doppellinie in der Mitte wird bekanntlich der Aequator oder Gleicher, auch wohl nach der Schiffersprache bloß die Linie genannt. Unter derselben bis zu den beiden nächsten Kreisen, sowohl nach unten, als nach oben zu, ist die sogenannte heiße Zone (Erdstrich), weil hier die größte Hitze, wegen der fast immer senkrecht auffallenden Sonnenstrahlen, herrscht. Denn je senkrechter die Sonnenstrahlen auf die Erde treffen, desto größer ist auch die Hitze; folglich muß in diesen Gegenden, wo die Sonne den höchsten Standpunkt erreicht, und zur Mittagszeit entweder im Scheitelpunkte, oder doch nicht weit von demselben steht, die Hitze das ganze Jahr hindurch sehr groß sein. Schnee und Eis giebt es daher in diesen Gegenden nicht; der hier Statt findende immerwährende Sommer wird nur durch eine vier- oder sechswöchentliche Regenzeit unterbrochen, und überall, wo es der Boden erlaubt, hat man jährlich zwei Ernten. — Zwischen diesen beiden und den folgenden Kreisen ist auf beiden Seiten die gemäßigte Zone, in welcher wir nach oben zu wohnen. In dieser Zone fallen die Strahlen der Sonne nicht senkrecht, sondern in einer schrägen Richtung hernieder, und daher ist hier die Hitze nicht so groß und anhaltend, als in der heißen Zone. — Die Kreislinien nach den Endpunkten der Erdachse zu, bezeichnen die kalte Zone. In diesen Gegenden ist die Kälte am strengsten und anhaltendsten, weil die Sonnenstrahlen, wegen des stets sehr niedrigen Standes der Sonne, beständig sehr schräge auffallen; es giebt daher hier fast weiter nichts, als Eisberge. Die beiden Endpunkte der Erdachse, welche man durch den Mittelpunkt der Erde gezogen denkt, heißen Pole; und zwar der im Norden Nordpol, und der im Süden Südpol. — Wo ist nun die heiße Zone? — wo die kalte? — in welcher wohnen wir? — wo ist die gemäßigte Zone? — wo ist der Südpol? — wo der Nordpol? u. s. w.

Jeder Kreis, er sei größer oder kleiner, wird in 360 gleiche Theile, die man Grade nennt, getheilt. Da nun jeder Grad 15 Meilen enthält, wie viele Meilen beträgt folglich der ganze Umkreis unter der Linie?

Sch. 5400 Meilen.

L. Daraus findet sich durch weitere Rechnung, daß

der Durchmesser oder die Achse der Erde beinahe 1720 Meilen beträgt, d. h. mit andern Worten: wäre es möglich, daß mitten durch die Erde ein Faden gezogen werden könnte, so müßte dieser beinahe 1720 Meilen lang sein. — Wie nennt man eine viereckige Fläche, die 1 Meile lang und 1 Meile breit ist?

Sch. Eine Quadratmeile.

L. Solcher Quadratmeilen enthält die Oberfläche unserer Erde ungefähr 9 Millionen und 282,000. Wie nennt man aber dagegen eine Meile, welche eine Meile lang, 1 Meile breit und 1 Meile dick (hoch oder tief) ist?

Sch. Eine Kubikmeile.

L. Wäre es möglich, die ganze Erde in so große Würfel oder Kubikmeilen zu zerschneiden, so würden über 2659 Millionen solcher Kubikmeilen entstehen. — Weißt du noch, wie viele Menschen auf unserer Erde leben?

Sch. 900 bis 1100 Millionen.

L. Merkt euch nur die runde Zahl: 1000 Millionen. — Weißt du aber auch, worauf diese große Kugel steht oder ruht?

Sch. Sie steht auf Nichts, sondern bewegt sich, wie alle Weltkörper, im großen Himmelsraume.

L. Wer macht es aber, daß sie sich in einer regelmäßigen Bahn um die Sonne bewegt und nicht auf einen andern Stern stößt oder fällt?

Sch. Der allmächtige Gott.

L. Womit ist aber wohl dieser große Himmelsraum, in welchem die Weltkörper sich bewegen, angefüllt?

Sch. Mit Luft.

L. Wie heißt die ganze Luftmasse, welche unsere kreisförmige Erde umgiebt und mit ihr fortkugelt durch den großen Himmelsraum?

Sch. Die Atmosphäre.

L. Ja. Weil aber von dem Wasser und andern Theilen unserer Erde, welche Feuchtigkeiten enthalten, beständig Dünste in die Luft steigen, und diese daher nie von Dünsten rein ist; so braucht man daher auch den Namen Dunstkreis, welcher mit Atmosphäre gleiche Bedeutung hat. Wie hoch erstreckt sich diese Atmosphäre?

Sch. Ihre Höhe wird auf 10 Meilen geschätzt.

L. Wie ist der obere Theil der Atmosphäre beschaffen?

Sch. Er ist beständig kalt; daher der Schnee auf den höchsten Gebirgen, selbst in heißen Ländern und in heißen Sommern, nicht gänzlich schmelzen kann.

L. Wie ist der untere Theil der Atmosphäre beschaffen?

Sch. Er ist beständig mit erdigen, wässerigen, ölichten, salz- und schwefelartigen Dünsten angefüllt.

L. Diese Dünste, welche beständig von der Erde aufsteigen, schweben so lange in der Luft, bis sie sich irgendwo zu sehr anhäufen und dann im Regen, Schnee, Feuerkugeln u. dgl. wieder niederfallen. — Ist dieses Luftmeer für uns und alle auf der Erde lebende Wesen auch etwas Nützliches und Heilsames?

Sch. O ja. Es ist uns eben so unentbehrlich, als dem Fische das Wasser, und überhaupt kann ohne Luft kein Thier leben, keine Pflanze wachsen und kein Schall gehört werden.

L. Auch zur Nahrung des Feuers dient die Luft; denn in einem verschlossenen Raume erlischt es bald, und beim Luftzuge brennt es hell auf, was wir an den sogenannten Windöfen bemerken können. — Ist denn die Luft auch ein Körper?

Sch. Ja; denn sie nimmt ja auch einen Raum ein. (Vergl. S. 8 und 9.)

L. Was für ein Körper aber ist die Luft?

Sch. Ein flüssiger, durchsichtiger, schwerer und elastischer Körper.

L. Warum nennt man die Luft flüssig?

Sch. Weil sie sich in einem möglichst großen Raum auszudehnen und beständig im Gleichgewichte zu bleiben strebt.

L. Durch welchen Versuch kannst du das beweisen?

Sch. Wenn wir z. B. gehen oder eine Bewegung mit der Hand machen, so muß allemal erst die Luft getheilt, gespaltet oder aus der Stelle getrieben werden, und das geht so leicht, daß wir es gar nicht merken. Nach den Stellen aber, wo auf diese Art die Luft weggetrieben ist, fließt sogleich wieder Luft hin, welches doch nicht geschehen könnte, wenn die Luft nicht ein flüssiger Körper wäre.

L. Warum nennt man die Luft durchsichtig?

Sch. Weil sie die Lichtstrahlen durch sich fallen läßt, und weil wir also durch sie sehen können.

L. Was heißt: Die Luft ist elastisch?

Sch. Sie läßt sich in einen kleinen Raum zusammendrücken, sucht aber, sobald der Druck nachläßt, sich wieder auszudehnen und den vorigen Raum wieder einzunehmen.

L. Gieb noch einige Beispiele dazu an.

Sch. Drückt man z. B. mit einem Finger auf eine mit

Luft angefüllte Schweinsblase, so entsteht eine Vertiefung; hebt man aber den Finger auf, so dehnt sich die Luft wieder aus, und die Blase nimmt die vorige Gestalt wieder ein. — Setzt man ein Trinkglas mit der Oeffnung auf die Oberfläche eines Eimers voll Wasser, und drückt das Glas in das Wasser hinein, so fühlt man einen Widerstand. Läßt man nun das Glas los, so treibt die sich wieder ausdehnende Luft das Wasser aus dem Glase und schnellt das Glas in die Höhe. Dieses würde aber keinesweges geschehen, wenn die Luft nicht elastisch wäre.

L. Warum treibt die Luft, wenn sie in einer Knallbüchse durch das Hinunterdrücken des obern Pfropfens zwischen den zwei Pfropfen zusammengepreßt wird, den untern Pfropfen, ehe ihn noch der obere berührt, mit Gewalt und mit einem Knalle hinaus?

Sch. Weil die Luft elastisch ist, so sucht auch die in der Röhre zusammengepreßte Luft sich auszudehnen und treibt daher entweder den untern Pfropfen schnell mit einem Knalle heraus, oder zersprengt die Büchse. — (Hierauf beruht auch die Einrichtung der Windbüchse.)

L. Wenn ein Sack mit Wolle eine Zeitlang gelegen hat, so ist die untere Wolle weit dichter, als die obere im Sack. Woher kommt das?

Sch. Weil die Wolle schwer ist und daher die obere auf die untere drückt.

L. Eben so findet man auch, daß, je tiefer (wie in Höhlen, Thälern) die Luft, desto dichter, und je höher (wie auf hohen Bergen), sie desto dünner ist. Auf sehr hohen Bergen ist die Luft schon so dünn, daß der Mensch kaum athmen kann, und eine lästige Müdigkeit empfindet. Woher kommt dies Alles?

Sch. Weil die Luft als Körper auch schwer ist, und also ein Bestreben gegen den Mittelpunkt der Erde hin hat, so muß natürlich die untere Luft von der obern zusammengedrückt werden.

L. Das ist ein sehr richtiger Grund; ein anderer Grund liegt aber darin, daß die höhere Luft weit weniger Wasserdünste enthält, als die untere. Luftschiffer beklagen sich oft, daß sie in einer sehr bedeutenden Höhe nicht nur das Unangenehme des schweren Athemholens hätten empfinden müssen, sondern auch darüber, daß ihnen dort, in der sie umgebenden sehr dünnen Luft, nicht selten das Blut aus den Augenwinkeln, den Lippen und der Nase gedrungen wäre. Dasselbe begegnete auch dem Herrn von

Humbold, einem berühmten Reisenden, als er den Chimborasso bis auf 18,330 Fuß erstieg. Wie läßt sich dies erklären?

Sch. —

L. Nun seht, da auch in jedem Körper des Menschen Luft ist, und zwar dichter als die auf hohen Bergen, so fand also zwischen der äußern Luft und der in den Körpern dieser Menschen kein Gleichgewicht Statt; sie drang daher zur Herstellung des Gleichgewichts gewaltsam aus ihren Körpern, und preßte, wegen des starken Dranges, auch Blut aus den Augenwinkeln, den Lippen und der Nase. — Durch eine Maschine, Luftpumpe genannt, welche Otto von Guerike, Bürgermeister von Magdeburg, 1650 erfunden hat, kann man die Luft aus einem verschlossenen Gefäße herauspumpen, also dasselbe völlig luftleer machen, und dadurch ist man auch im Stande, das Gewicht der Luft zu untersuchen. Man hat gefunden, daß ein Pariser Kubikfuß Luft (bei 0 Grad Wärme) nur etwas weniger als $2\frac{1}{11}$ Loth wiegt, eben so viel Wasser (bei eben dieser Wärme) aber 70 Pfund. Um wie viel leichter ist also die Luft als das Wasser?

Sch. 770 Mal.

L. Hält man eine sogenannte Handspritze ins Wasser und zieht den Stöpsel gegen sich, so füllt sich dieselbe mit Wasser. Warum geschieht dies?

Sch. Weil durch das Aufziehen des Stöpsels in der Röhre ein luftleerer Raum entsteht, und weil die auf die Oberfläche des Wassers drückende Luft das unter der Röhre befindliche Wasser in jenen leeren Raum hineintreibt. (Hierauf beruht die Einrichtung der Heber, Wasserpumpen und Feuerspritzen.)

L. Wenn man den Kopf einer thönernen Pfeife mit Wasser anfüllt, und dessen Oeffnung mit der flachen Hand fest zudrückt, so läuft unten kein Wasser aus der Röhre. Nimmt man aber die Hand oben weg, so läuft das Wasser unten heraus. Wie geht das zu?

Sch. Sobald die Pfeife auf beiden Enden offen ist, so drückt die Luft unten nicht stärker gegen das Wasser, als oben, und daher dringt dieses, vermöge seiner Schwere nach unten, und aus der Pfeifenröhre heraus. Hält man aber die Hand auf die Oeffnung des Pfeifenkopfs, so wirkt die Luft bloß von unten gegen das Wasser und zwar so stark, daß die Schwere des Wassers den Druck der äußern

Luft nicht überwinden und das Wasser daher nicht heraus laufen kann.

L. Wenn man auf ein ganz mit Wasser angefülltes Glas ein Papier so auflegt, daß es überall am Rande des Glases anschließt, darüber seine Hand deckt und dann umkehrt, so sitzt das Papier von selbst fest, und kein Wasser läuft heraus. Woher kommt das?

Sch. Weil die äußere Luft auf das Papier so stark drückt, daß das Wasser unmöglich ausfließen kann.

L. Taschenspieler zeigen zuweilen einen Trichter, aus welchem sie eine Flüssigkeit fließen lassen, wenn gleich in dem Trichter nichts davon zu sehen ist. Man nennt gewöhnlich solchen Trichter einen Zaubertrichter oder magischen Trichter. Mit dem Ausfließen der Flüssigkeit hat es folgende Bewandtniß: Die Wände des Trichters sind doppelt, wie man aus folgender Figur, welche den Durchschnitt desselben vorstellt, sieht;

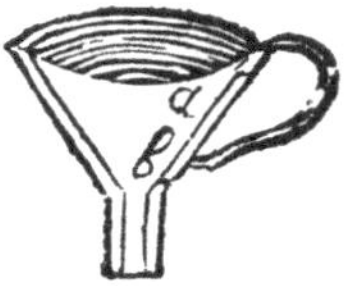

und zwischen ihnen ist ein Raum, der noch ziemlich viel Flüssigkeit enthalten kann. Oben in der äußern Wand unter dem Griffe ist ein kaum bemerkbares Löchelchen a, und unten in der innern Wand der Trichterröhre ein anderes b. Füllt man nun den gewöhnlichen Raum mit Wasser, so dringt dieses auch in den hohlen Raum zwischen den Wänden ein und treibt die darin befindliche Luft durch die Oeffnung unter dem Griffe heraus. Hält man, nachdem der Trichter gefüllt ist, die Oeffnung a mit einem Finger zu, so kann man das in der Mitte befindliche Wasser auf dem gewöhnlichen Wege ausfließen lassen, ohne daß das zwischen den Doppelwänden befindliche Wasser mitfließt. Soll nun auch dieses zu der Oeffnung b und zu der Röhre herauslaufen, so nimmt man den Finger von der Oeffnung a weg, damit Luft über das Wasser kommen und dasselbe herausdrücken kann. Will man, daß erst Wasser und hernach Wein herauslaufen soll, so taucht man den Trichter erst in Wein, um ihn damit in der Mitte und zwischen den Doppelwänden zu füllen, hält dann die Oeffnung a mit dem Finger zu, und läßt den in der Mitte befindlichen

Wein aus dem gewöhnlichen Raume herausfließen. Zwischen den Doppelwänden bleibt der Wein. Nun füllt man den mittlern Raum wieder mit Wasser. Läßt man dieses jetzt herauslaufen, so scheint der Trichter hernach leer. Nimmt man hierauf den Finger von der Oeffnung a weg, so fängt der Wein an zu laufen und läuft auch bis zum letzten Tropfen heraus. — Aus demselben Grunde, warum eine Flüssigkeit nicht ausfließt, wenn man die Luftöffnung zuhält, kann auch das Bier und jede andere Flüssigkeit nur sehr langsam oder gar nicht aus dem geöffneten Krahne einer Tonne ausfließen, wenn nicht oben das Spundloch ganz oder zum Theile geöffnet wird — warum? — Ist dies aber geöffnet, so fließt das Bier schnell heraus — warum?

L. Kannst du mir auch sagen, warum sich ein hohler Schlüssel, aus dem wir die Luft aussaugen, an die Lippen hängt?

Sch. Weil wir ihn luftleer gemacht haben, und weil nun die äußere Luft auf ihn drückt.

L. Bekanntlich wird durch die Wärme die Luft sehr ausgedehnt und verdünnt. Darauf beruht auch die Wirkung des Schröpfkopfes. Läßt man z. B. eine Lichtflamme in einen Schröpfkopf hineinbrennen, und setzt ihn dann schnell auf die Haut des Menschen, so hängt er sich an diese — wie geht das zu?

Sch. Durch die Hitze des Lichts, über das man ihn vor dem Aufsetzen gehalten hat, ist ein großer Theil der Luft ausgetrieben, und da nun die äußere Luft zu schwer auf ihn drückt, als daß ihr der kleine verdünnte Ueberrest im Schröpfkopfe das Gleichgewicht halten könnte, so hängt er sich an die Haut.

L. Ja, und die dichtere Luft in dem menschlichen Körper, welche sich mit der dünnern Luft in den Schröpfköpfen in's Gleichgewicht setzen will, treibt das Blut durch die Einschnitte der Haut, welche mit dem Schröpfschnäpper geschlagen sind. Erst dann, wenn aus dem Körper und dem Rande des Schröpfkopfes so viel Luft eingesogen ist, daß die innere der äußern beinahe das Gleichgewicht hält, erst dann fällt er ab. — Eine gläserne hohle Kugel, die eine offene Röhre hat, füllt sich mit Wasser, wenn man die Kugel über glühenden Kohlen erhitzt, und dann die Röhre in Wasser hält — wie läßt sich das erklären?

Sch. Die Luft in der gläsernen Kugel wird verdünnt, indem durch die Wärme der glühenden Kohlen ein Theil der Luft herausgejagt wird, und nun Wasser diesen Raum einnehmen kann.

L. Wie stark ist der Druck der Luft auf den menschlichen Körper?

Sch. Nach den Berechnungen der Gelehrten ist der Druck der Luft auf einen Quadratfuß dem Gewichte von 32 Kubikfuß Wasser oder 2240 Pfund gleich. Da nun der Körper eines erwachsenen Menschen von mittler Größe ungefähr auf 15 Quadratfuß Oberfläche geschätzt wird, so drückt also die den Menschen umgebende Luft auf ihn mit einer Kraft von 15 × 2240 = 33,600 Pfund.

L. Warum fühlen wir aber den Druck der Luft nicht?

Sch. Weil er von allen Seiten gleich stark auf uns einwirkt, und weil die in unserem Körper befindliche Luft in Verbindung mit den Säften, welche die Höhlen desselben ausfüllen, der äussern Luft das Gleichgewicht hält.

L. Käme aber der Druck der Luft nur auf einen Augenblick bloß von einer Seite her, so würde unsere Kraft nicht widerstehen können, wir würden zu Boden gedrückt und zerquetscht werden. — So fühlt man auch beim Baden, wenn man gleichwohl ziemlich tief unter dem Wasser liegt, sehr wenig von dem Drucke des Wassers; und doch beträgt dieser Druck auf einen Menschen, dessen Oberfläche 15 Quadratfuß groß ist, und nur fünf Fuß unter Wasser liegt, so viel als 15 × 5 × 70 = 5250 Pfund. Welcher Mensch würde diesen Druck aushalten, wenn man dieses Wasser, in ein Gefäß gefüllt, auf seinen Körper stellen wollte? Wir fühlen aber diesen Druck des Wassers eben so wenig, als der Fisch — warum?

Sch. Weil der Fisch, so wie der untergetauchte Mensch allenthalben von Wasser umgeben sind.

L. Was hat man erfunden, um die Veränderungen des Drucks der Luft wahrzunehmen?

Sch. Den Schweremesser oder das Barometer.

L. Das Barometer, welches von Torizelli 1643 zu Florenz erfunden wurde, besteht aus einer oben zugeschmolzenen, luftleeren Glasröhre, welche von Unten auf mit Quecksilber gefüllt, und an dem aufwärts gekrümmten Ende mit einer nach Oben offenen Kugel versehen ist, durch welche die äußere Luft eindringt*). Da nun oben kein

*) Soll die Röhre von den allerfeinsten, nicht sichtbaren Luftbläschen befreit werden, so muß diese, nachdem man sie mit vollkommen reinem Quecksilber gefüllt hat, über glühende Kohlen gehalten und so das Quecksilber in derselben gekocht

Gegendruck der Luft Statt findet, und unten die Luft beständig drückt; so muß nothwendig das Quecksilber in der langen Röhre mehre Zolle höher stehn, als in der Kugel. Um nun das Steigen und Fallen des Quecksilbers genau bemerken zu können, befestigt man die ganze Röhre an ein dünnes Brett, und bringt längst derselben einen regelmäßig eingetheilten Maßstab an (eine Scale genannt), welchen man in Zolle und Linien (12 Linien machen einen Zoll) theilt. Gewöhnlich wird aber das Quecksilber nicht höher steigen als 28 par. Zoll, weil der Luftdruck zu schwach ist, um das schwere Quecksilber höher treiben zu können. Würde dagegen die Röhre statt des Quecksilbers mit Wasser gefüllt, und wäre die Röhre lang genug, so würde dieses 32 Fuß hoch steigen, weil Wasser 14mal leichter ist, als Quecksilber. — Weißt du Erster noch, warum man sich des Barometers auch als eines Wetterglases bedient?

Sch. Weil man bemerkt hat, daß die Veränderung des Wetters gewöhnlich mit der Veränderung des Druckes der Luft verbunden ist. Steigt das Quecksilber in der Barometer-Röhre, so zeigt dies an, daß man trocknes, schönes Wetter und im Winter Kälte zu erwarten habe; fällt es aber, so deutet dieses auf nasses, windiges oder stürmisches Wetter.

L. Woher kommt das aber?

Sch. —

L. Nun seht, das kommt von dem Wechsel der Schwere und Elasticität der Luft her. So lange nämlich die Luft mehr elastisch ist, das heißt, so lange das in ihr unsichtbar enthaltene Wasser nur Eins ausmachen, so drükken auch beide gemeinschaftlich und also stärker, und dadurch steigt dann das Barometer. Fängt aber das Wasser an sich von der Luft zu sondern oder Dünste zu bilden, so drückt es nicht mehr gemeinschaftlich mit der Luft; diese wird daher leichter und weniger druckkräftig, und dann fällt das Barometer. Wird es nun wohl auf hohen Bergen steigen oder sinken?

Sch. Es wird sinken, weil da die Luft wasserfreier und dünner ist.

---

werden, wodurch man alle Luft heraus treibt, indem diese durch die offene Kugel entweicht. Doch erfordert das Auskochen des Quecksilbers sehr viele Vorsicht; denn läuft dieses durch zufälliges Zerbrechen der Röhre in das Feuer, so erzeugen sich sogleich Quecksilberdämpfe, deren Einathmung lebensgefährlich ist. Schon oft sind dadurch Barometermacher verunglückt.

L. Ja, man hat gefunden, daß wenn man mit einem Barometer einen Berg besteigt, das Quecksilber jedesmal eine Linie fällt, so oft man 75 Fuß höher steigt. Doch trifft dieses nicht mehr genau zu, wenn man sich über 6000 Fuß hoch über die Oberfläche der Erde erhoben hat. — Da aber Feuchtigkeit und Trockenheit nicht die einzigen Ursachen des stärkern oder schwächern Druckes der Luft sind, so ist die Wetterprophezeihung des Barometers nicht allemal sicher, besonders um die Zeit der Tag- und Nachtgleiche. Zu dem kommt, daß Wärme auch das Quecksilber ausdehnt, und daher leicht einen höhern Barometerstand hervorbringt, ohne daß die Luft mehr elastisch zu sein braucht. — — Außer dem Barometer giebt es auch noch mehre Kennzeichen, woraus man auf die Veränderung der Witterung oder auf den Fortbestand derselben schließen kann. Folgende Witterungs-Anzeigen lassen sich in der Luft wahrnehmen: 1) Wenn in sehr hoher Luftregion leichte, dünne Gewölke (Lämmerwolken) sich bilden, die bald nachher entweder nicht weiter zunehmen, oder gar wieder abnehmen, sich verdünnen und zerstreuen, so wird für diesen Tag heiteres Wetter fortbestehen. 2) Wenn trüber Himmel sich gegen Westen gänzlich aufheitert, so steht helles Wetter bevor, wenn gleich gegen Ost der Himmel trübe bleibt; besonders wenn von dieser Gegend aus, gegen Westen hin, zunächst ein hohes Gebirge, große Wälder oder Wasserflächen liegen. 3) Höfe um Sonne und Mond verkünden feuchtes Wetter. 4) Schwacher Ostwind begünstiget heitern Himmel. Südwind, welcher auf Westwind folgt, hellt den Himmel auf. 5) Nebel, die über Seen und Flüssen stehen bleiben, und sich nicht weiter ausbreiten, gestatten helles Wetter. 6) Wenn starker Landregen in Staubregen übergeht, so ist sicher eine baldige Theilung der Wolken zu erwarten. 7) Wenn man bei stiller Luft und einem dichten gleichförmigen Wolkenschleier hört, daß sich der Glockenschall stärker als sonst fortpflanzt, so folgt ein baldiger Regen darauf. 8) Frühe Nebel in der Herbstzeit verkünden, wenn sie sich langsam verziehen, keine Ergießung, besonders bei steigendem Barometer. 9) Nebel an der Erde, die bald verschwinden, verkündigen schönes Wetter; dagegen Nebel auf den Spitzen der Berge baldigen Regen. 10) Wenn an heitern Tagen schnell Wolken entstehen und wieder eben so schnell verschwinden, so ändert sich die Witterung bald. 11) Geht am Morgen die Sonne roth und feurig auf, so drohen Regen und Winde;

ist aber die aufgehende Sonne in Wolken gehüllt, die bald verschwinden; so erfolgt ein schöner heiterer Tag. 12) Blaßgelbröthliche Abendröthe bei heiterm Himmel läßt einen künftigen heitern Tag erwarten. 13) Höhenrauch verkündet Trockenheit, wenn solcher zuerst bei kühler Luft eintritt und fortdauernd anhält. 14) Vergrößern sich kleine Wolken, so drohet Regen; nehmen aber große Wolken ab, so erscheint schönes Wetter. 15) Wenn die Bäche bedeutend dampfen, so stellt sich Regen ein. 16) Wenn auf trübe Witterung in der Nacht ein glänzender Schein des Mondes und der Sterne eintritt, so geht die nasse Witterung in eine heitere und trockene über. 17) Wenn auf der Seite des Himmels, wohin der Wind eben bläs't, die Wolken sich nicht stark anhäufen, sondern sich verdünnen und zerstreuen, so steht noch ferner helles Wetter bevor. 18) Wenn trüber Himmel bricht, und die Wolken sich immer mehr zertheilen, so ist heiteres Wetter um so dauernder zu erwarten, je langsamer die Wolken sich auflösen. 19) Heller Sonnen- und Mondaufgang lassen für diesen Tag helles Wetter erwarten, jedoch weniger sicher, wenn Westwind herrscht. 20) Wenn der Rauch aus dem Schornsteine ruhig und gerade aufsteigt, so bleibt heiteres Wetter anhaltend; im Winter auch die Kälte.

Auch einige Thiere kündigen die Witterung an, und zwar: 1) Wenn die Hähne des Nachmittags krähen, so hellt sich gewöhnlich das Wetter auf. 2) Wenn sich der Laubfrosch in einem bis zur Hälfte mit Wasser angefüllten Glase unten im Wasser badet, so kündet dies baldiges Regenwetter an; wenn er aber am Glase oberhalb des Wassers festsitzt, oder auf die kleine Leiter klettert, die sich im Glase befindet, so folgt gutes Wetter. Auch das Schreien desselben deutet auf trockene und anhaltende Witterung. 3) Wenn die Hunde Gras fressen, so folgt gemeiniglich Regen und stürmische Witterung. 4) Wenn die Schwalben niedrig an der Erde fliegen, so deutet dies auf ein nahes Gewitter. 5) Wenn die Frösche ihr Laich an den Wassergräben tief hinabsetzen, so wird der darauf folgende Sommer trocken und das Wasser sehr klein werden. Bringen sie aber ihr Laich an den Gräben höher an, so folgt ein nasser Sommer und ein hoher Wasserstand. 6) Auch die Winkelspinne ist ein guter Wetterprophet; denn sie zeigt sich bei schönem Wetter mit dem Kopfe, und streckt ihre Füße weit aus ihrer Höhle hervor, und zwar um so weiter, je länger das schöne Wetter anhalten soll. Bei übler Witterung zieht sie sich mehr zurück, und bei stürmischer kehrt sie sich um, und sieht in die Höhle hinein. Fängt das Wetter an, schön zu werden, so ist das Gewebe, womit sie ihren Winkel umspinnt, nur noch klein, dauert es aber fort, so vergrößert sie dasselbe merklich. Thut sie dies mehrmal nach einander, so ist dies ein sicheres Zeichen, daß die schöne Witterung anhaltend sei. 7) Auch die übrigen Spinnen zeigen das Wetter an. Je größer und enger gewebt die Netze der Hängspinnen sind, und je mehr sich die Kreuzspinne in der Mitte ihres Netzes aufhält, je dauerhafter wird das helle Wetter sein. 8) Blutegel, welche man in Gläsern hält, dienen auch, die Veränderung der Witterung anzudeuten. Sie liegen, so lange schönes Wetter bleibt, ruhig auf dem Boden des Glases zusammengebogen; steht aber eine Veränderung bevor, und will Sturm oder Regen kommen, so erheben sie sich, und werden unruhig.

Das Mineralreich liefert folgende Witterungs-Anzeigen: 1) Wenn die Fenster stark anlaufen (schwitzen), so steht Kälte bevor. Wenn im Winter aber die Wände von Stein mit Reif überzogen werden, oder schwitzen, so folgt Thauwetter. 2) Treiben Pflastersteine und besonders große Steinplatten, womit das Innere eines Hauses belegt ist, Nässe von sich aus, so folgt Regen.

Jetzt sage mir noch einmal: Was heißt: die Luft ist flüssig? — durchsichtig? — schwer? — elastisch?

Achte Unterredung.

L. Wie entstehet der Schall? Welche Bemerkung machst du, wenn du einen Stein ins Wasser wirfst? Wer hat sich die Erklärung darüber gemerkt?

Sch. Wird ein Stein ins Wasser geworfen, so bemerkt man, daß von dem Punkte aus, wo der Stein hinfällt, kreisförmige Wellen sich erheben, die sich immer mehr von ihrem Mittelpunkte entfernen, und so auch an Umfang zunehmen. Je größer aber der Umfang der Wasserwellchen wird, um so schwächer werden sie selbst, bis sie sich zuletzt ganz verlieren.

L. Eben so wird auch die Luft, wenn ich z. B. zu euch spreche, in eine ähnliche wellenförmige (zitternde) Bewegung, in Schwingungen gesetzt, welche sich auch von dem Anfangs- oder Mittelpunkte allmählich mehr entfernen, aber nicht bloß von allen Seiten, sondern (da oben und unten und überall Luft ist) ebenfalls nach oben und unten und allen Richtungen hin. Es versteht sich von selbst, daß diese Luftwellen oder Schwingungen, je mehr sie sich vom Mittelpunkte entfernen, desto schwächer werden und zuletzt ganz verschwinden müssen. Treffen sie aber vor dem Verschwinden unser Ohr, so hören wir den Schall, und zwar um so stärker, je stärker die Schwingungen noch sind. Einen Schuß hören wir daher in der Nähe sehr stark, in der Ferne schwach, und so weit entfernt, daß die Schwingungen das Ohr nicht treffen, gar nicht. — Keiner von uns kann hören, was jetzt in dem Hause unsers Nachbarn gesprochen wird — warum nicht? — Dagegen kann oft eine und dieselbe Rede von vielen Menschen auf eben so vielen verschiedenen Stellen gehört werden — wie ist das möglich? — Wodurch entsteht, außer den genannten Beispielen, ebenfalls ein Schall?

Sch. Dieser kann entstehen durch Glocken, welche geläutet werden; durch Kanonen und Schießgewehre, welche abgefeuert werden; durch Saiten, welche von einem Stoße schnell hin und her schwingen; durch die Stimmen der Menschen und Thiere, durch das Klatschen der Peitschen, durch den Wind, wenn er durch enge Oeffnungen geht u. s. w.

L. Daß die Fortpflanzung des Schalles durch die Schwingungen der Luft geschieht, habt ihr begriffen; merkt euch aber noch, daß es auch vorzüglich auf die Dichtigkeit der Luft ankommt. Je dichter die Luft, desto stärker ist der Schall, und so auch umgekehrt: also — ?

Sch. Je dünner die Luft, desto schwächer ist der Schall.

L. Daher hört man auf sehr hohen Bergen, wo die Luft sehr dünn ist, einen Pistolenschuß nur wie einen Klatsch in die Hand; und Sprechende müssen sich ins Ohr reden, um sich zu verstehen. — Wann nennt man aber einen Schall Wiederhall oder Echo?

Sch. Wenn der Schall an feste Körper, z. B. an Mauern, Häuser, Wälder, Berge anprallt und von denselben so zurückgeworfen wird, daß man ihn bald darauf zum zweiten Mal hört. Dann nennt man diesen zweiten Schall einen Wiederhall oder ein Echo.

L. Wird der Schall von mehren festen Körpern zurückgeworfen, so hat man ein mehrfaches Echo. In Böhmen z. B. findet man einen Steinwald von etwa 1000 Steinen, welche verworren da stehen und seltsame Figuren bilden, das **Aderbacher Gestein** genannt. Hier wird in einem Echo eine Menschenstimme 3 Mal und ein Pistolenschuß 7 Mal wiederholt. Einige Sekunden darnach kommt der Knall von der rechten Seite wie Donnerschläge zurück, hallt dann in dumpfen Stößen schwach nach, und schweigt ganz; aber nach 20 Sekunden kommen die lauten Donner von der linken Seite und verlieren sich in die Höhe. — Eine Stunde von Mailand ist ein Landhaus, **Casa Simonetta** genannt; das hat ein Echo, welches die letzte Silbe einer lauten Rede 40 Mal und einen Pistolenschuß 60 Mal wiederholt.

Ist die Luft das einzige Fortleitungsmittel des Schalles?

Sch. Nein; auch feste Körper leiten den Schall fort, z. B. Glas, Metalle, der Erdboden, hölzerne Stäbe, Drath u. dgl.

L. Wie kommt es aber, daß man die entfernten Fußtritte der Menschen und Pferde, das Rollen der Wagen hört, wenn man das Ohr nahe an den Erdboden legt?

Sch. Dies kommt daher, weil durch die Fußtritte der Menschen und Pferde, so wie durch das Rollen der Wagen die Luft am Boden in eine zitternde Bewegung gesetzt wird, und weil der Boden dieselbe weit hin fortleitet.

L. Ja, die Erfahrung lehrt's, daß die festen Körper nicht nur den Schall schneller, sondern auch bestimmter an unser Gehör bringen, als die Luft. Wenn z. B. im Stockwerke unter eurem Zimmer Klavier gespielt wird, und ihr das Tonstück nicht erkennen könnet, so stützet nur das eine Ende eines Stockes auf den Boden, das andre Ende aber nehmt zwischen die Zähne, und ihr werdet es deutlich hören. So können auch fast ganz taube Menschen jedes Wort deutlich hören, wenn man in einen kupfernen Kessel spricht, und der Taube auf eben die Art ein Stöckchen zwischen den Zähnen hält, das den Kessel berührt. — Werden zwei silberne Löffel jeder einzeln an einen Faden gehängt, und jedes Ende dieser Faden um einen Finger einer Hand gewickelt, dann diese in beide Ohren gesteckt, so tönen die Löffel, bei öfterem Anschlagen, so stark wie Thurmglocken. — Ihr könnt diesen Versuch auch mit zwei eisernen Linealen oder Ladestöcken, oder anderem dünnen Metall anstellen. Legt man sich mit einem Ohre auf das eine Ende eines langen Tisches, und es kratzt an dem andern Ende Jemand nur mit einer Nadelspitze, so hört man dieses Kratzen, welches gewöhnlich in der Entfernung von einigen Schritten nicht gehört wird, sehr deutlich.

L. Wie pflanzt sich der Schall im Vergleich mit dem Lichte fort?

Sch. Der Schall pflanzt sich weit langsamer fort, als das Licht; darum sieht man, wenn in einiger Entfernung Holz gespalten oder ein Gewehr abgefeuert wird, den Schlag oder Blitz eher, als man den Schall hört.

L. Durch mühsame Versuche hat man gefunden, daß der Schall in einer Sekunde den Weg von 1040 Fuß zurücklegt. — Kannst du mir sagen, warum es gefährlich ist, in der Nähe läutender Glocken oder anderer stark lautender Körper zu stehen?

Sch. Weil die allzuheftigen Schwingungen der Luft, welche durch solche Körper hervorgebracht werden, zu stark die im Ohre befindliche Trommelhaut erschüttern; daher sie diese leicht zerstören und dadurch Taubheit bewirken können.

L. Wodurch wird der Schall verstärkt?

Sch. Durch das aus Blech oder Pappe verfertigte Sprachrohr, welches die Form eines Kegels hat und etwa 5 bis 6 Fuß lang ist.

L. Wenn man in die enge Oeffnung dieses Rohrs, welche genau an den Mund passen muß, Worte hinein spricht, so können diese, wenn das Rohr gut gebaut ist, in einer Entfernung von 3000 Schritten ganz deutlich gehört werden. Solche Sprachrohre werden auf Schiffen, Thürmen u. s. w., um entfernten Menschen etwas zuzurufen, mit vielem Nutzen gebraucht. — Wodurch wird aber der Schall besser aufgefangen?

Sch. Durch das Hörrohr, welches aus einer allmählich sich verengenden Röhre besteht.

L. Ein solches Rohr, welches Harthörigen zu empfehlen ist, wird mit dem engern Ende ans Ohr gehalten, um darin den Schall aufzufangen, und mit dem weiteren nach der Gegend hingerichtet, aus welcher der Schall kommt. — Merkt euch auch, daß auf der verschiedenen Geschwindigkeit der Luftschwingungen der Unterschied der Töne in der Musik beruht. Die gespannten Saiten z. B. geben einen desto höhern Ton, je mehr sie gespannt werden, und je kürzer und dünner sie sind, weil alsdann die zitternde Bewegung von einem Stoße schneller hin- und herspringt. — Bei Blas-Instrumenten ist dagegen der Ton desto höher, je enger die Oeffnung ist, durch welche die Luft getrieben wird, und je geschwinder sie sich durch die Oeffnung bewegt. Darum öffnet z. B. der Flötenspieler die zunächst am Munde befindlichen obern Löcher wenn er hohe Töne hervorbringen will, und die untern vom Munde entfernten Löcher, wenn es tiefe Töne sein sollen. — Ist die Luft ein einfacher oder zusammengesetzter Körper?

Sch. Ein zusammengesetzter.

L. Welches sind die vorzüglichsten Luftarten, woraus die Luft besteht?

Sch. Lebensluft oder Sauerstoffgas, Stickluft oder Stickgas, und fixe Luft oder kohlensaures Gas (Luftsäure).

L. Wovon hat die Lebensluft ihren Namen?

Sch. Weil sie zum Leben oder zum Athmen der Menschen und Thiere, zum Gedeihen der Pflanzen und zum Brennen der Körper unentbehrlich ist.

L. Warum nennt man diese Lebensluft auch Sauerstoffgas?

Sch. Weil Wein, Bier u. dgl., in offenen Gefäßen, den Sauerstoff aus der Luft, die sie zunächst umgiebt, an sich ziehen, und dadurch sauer werden.

L. Woraus entwickelt sich diese Lebensluft?

Sch. Aus den Blättern der Pflanzen, wenn die Sonne darauf scheint.

L. Warum ist es also der Gesundheit zuträglich, am Tage im Grünen spaziren zu gehn?

Sch. Weil sich da am meisten die Lebensluft, in welcher wir uns außerordentlich wohlbefinden, entwickelt.

L. Kann man sie auch künstlich bereiten?

Sch. Ja, und zwar dadurch, daß man Braunstein oder Salpeter glühend macht.

L. Wozu nützt dies?

Sch. Zum Verbessern der Luft in Zimmern, die sich nicht gut öffnen lassen.

L. Wovon hat die Stickluft ihren Namen?

Sch. Weil sie zum Athmen untauglich ist, und Menschen und Thiere darin ersticken müssen.

L. Auch kann in dieser Luft kein Feuer brennen; doch befördert sie den Wachsthum der Pflanzen. — Woraus entwickelt sich aber diese Luft?

Sch. Aus den Blüthen und Früchten im Sonnenschein und aus den Blättern der Pflanzen im Schatten und in der Nacht.

L. Wo findet sich besonders diese Luftart?

Sch. In lange verschlossenen Höhlen und Gewölben und in frisch ausgeweißten und gemalten Zimmern.

L. Was versteht man unter fixe Luft oder kohlensaures Gas?

Sch. Diejenige Luftart, in welcher ebenfalls Thiere und Menschen ersticken und brennende Körper verlöschen.

L. Wodurch entwickelt sich diese Luftart?

Sch. Durch Gährung des Weines, Bieres u. s. w., durch Fäulniß und brennende Kohlen.

L. Auch durch brennende Lichter und andere brennende Sachen in verschlossenen Räumen, so wie durch das Ausathmen der Menschen und Thiere entsteht diese Luftart. Es ist daher sehr schädlich, sich lange in einem engen Zimmer, wo viele Menschen athmen oder brennende Sachen befindlich sind, aufzuhalten; so wie es nothwendig ist, um frische Lebensluft ins Zimmer zu bekommen, und die schädlichen Luftarten hinaus zu bringen, öfter die Fenster zu öffnen. — Im Jahre 1756 starben in einem Gefängnisse zu Calcutta von Abends 8 bis Morgens 6 Uhr 146 englische Gefangene, vor Durst und aus Mangel an Sauerstoff. Man hatte 169 Gefangene des Abends hineingebracht, und die 23, welche des Morgens noch nicht todt waren, befanden sich in höchst elenden Umständen.

An welchen Orten zeigt sich ferner die fixe Luft?

Sch. An solchen Orten, wo kein freier Luftzug ist, z. B. in tiefen Gruben, Brunnen, Höhlen, Kellern und Bergwerken.

L. Da diese Luft ⅓ schwerer ist, als die atmosphärische Luft, so nimmt jene gewöhnlich den untersten Raum ein. Daher wird am Boden der Hundsgrotte bei Neapel ein Hund oder ein anderes nicht großes Thier von dieser Luft erstickt, während die Menschen aufrecht hineingehen können; aber betäubt und endlich getödet würden, wenn sie sich bückten. Aus demselben Grunde hat in einem Zimmer, wo mehre Menschen schlafen, derjenige die schlechteste Luft, welcher auf der Erde liegt. — Auch in Wein- und Bierkellern findet man diese Luft zuweilen 8 bis 10 Zoll hoch. Wer daher an solche Orte gehen muß, wo er diese Luftart vermuthet, der halte, ehe er hineingehet, ein auf einem langen Stock befestigtes brennendes Licht hinein; brennt dieses fort, so ist man sicher, auch darin ohne Gefahr athmen zu können; verlöscht es aber, so ist dies ein Beweis vom Dasein dieser für Menschen und Thiere erstickenden Luftart. Ein mit Urin befeuchtetes Schnupftuch, vor Mund und Nase gebunden, schützt an dergleichen Orten vor dem Ersticken. Durch einen gehörigen Luftzug oder durch Hineingießen frischen Wassers, so wie durch Verbrennen einer Menge Schießpulvers, Salpeters und dergl., läßt sich die fixe Luft leicht aus den Kellern wegbringen, und ganz beseitigen, wenn man in dieselben große Gefäße mit Kalkwasser, oder auch nur einen Haufen ungelöschten Kalk bringt. — So tödtend diese eingeathmete Luftart in der Lunge wirkt, so wohlthätig ist sie aber im Magen. In Verbindung mit dem Wasser bildet sie Gesundbrunnen, und wir genießen sie ohne Nachtheil im Selterwasser, im mussirenden Biere, im Champagner und im Trinkwasser, welchen sie den erquickenden Geschmack giebt. Oft ist in den erstern dieser Getränke so viel fixe Luft enthalten und entwickelt sich in so großer Menge daraus, daß sie entweder mit Gewalt die in den Flaschen enthaltene Flüssigkeit heraustreibt, oder gar die Gefäße zersprengt, wie ihr das häufig beim Biere wahrgenommen haben werdet, ohne euch diese Erscheinung erklären zu können. Die weise Vorsehung hat es so eingerichtet, daß das Wasser und grüne Pflanzen diese Luftart einsaugen, und dadurch bewirken, daß sie sich nicht zu sehr anhäufe. —

Jetzt wirst du gewiß bei einigem Nachdenken auch folgende Fragen richtig beantworten können. Warum hält man gern am Tage viele blätterreiche Gewächse vor den Fenstern oder im Wohnzimmer? — Warum darf man aber die Gewächse zur Nachtzeit nicht in Schlafzimmern stehen lassen? — Warum ist es gefährlich in lange verschlossenen Höhlen und Gewölben zu gehen? — Warum sollen in Schul- und Wohnzimmern auch im Winter die Fenster öfter geöffnet werden? — Warum ist es schädlich, daß zwei Menschen in einem Bette mit zugewandten Gesichtern ihre ausgeathmete Luft gegenseitig wieder einathmen? — Warum kann man es nicht lange aushalten, wenn man den Kopf unter die gegen den Luftzugang verschlossene Bettdecke hält? — Warum soll man neugebaute Häuser und frisch geweißte oder gemalte Zimmer nicht gleich beziehen? — Warum brennt das Feuer in einem eingeschlossenen Raume nicht lange? — Ein sicheres Mittel das Feuer zu löschen wäre also, wenn man dem Raume, wo das Feuer ist, den Zugang der Luft versperren könnte. Wie muß man aber verfahren, wenn man das Brennen eines Feuers verstärken will? — Zu dem Zweck hat der Schmied den Blasebalg. — Warum soll man gährende Getränke, Töpfe mit glimmenden Kohlen aus den Wohnzimmern entfernen? — Wie kann man erfahren, ob die Luft an einem Orte schädlich oder unschädlich sei? — Wie kann man die verdorbene Luft wieder verbessern?

Was versteht man unter **brennbarer Luft** oder **Wasserstoffgas**?

Sch. Diejenige Luftart, welche sich leicht entzündet.

Diese Luft aber, so leicht sie sich entzündet, löscht ebenfalls wie die Stickluft die Lichter aus, und ist für Menschen und Thiere nicht heilsam. Man kann solche Luft auch durch Kunst erhalten, indem man Eisenspäne oder noch besser zerstoßenen Zink durch Vitriol auflösen läßt. — Wovon hat sie ihren Namen?

Sch. Davon, daß sie sich bei der Berührung mit der atmosphärischen Luft oft von selbst entzündet und eine Zeitlang fort brennet, und zwar in Gestalt einer kleinen Lichtflamme.

L. Wegen ihrer Leichtigkeit wird sie dann vom Winde hin- und hergetrieben, und verursacht dadurch die sogenannten **Irrlichter** (siehe feuerige Lufterscheinungen), von denen wir in einer andern Stunde ausführlicher sprechen werden. — Kannst du mir auch angeben, woraus sich diese Luftart entwickelt?

Sch. Sie entwickelt sich aus Sümpfen und Morästen, auf Kirchhöfen und Schlachtfeldern, in Bergwerken, die lange nicht befahren sind, und aus Steinkohlen.

L. Da diese Luft 13mal leichter ist, als die atmosphärische, und deßhalb von dieser verdrängt in die Höhe steigt, so wird sie auch von Luftschiffern zur Füllung ihrer Luftballone gebraucht, besonders wenn Menschen damit in die Höhe fahren wollen*). Im Jahre 1782 wurde der Ballon von den Gebrüdern **Montgolfier** zu Annonay in Frankreich erfunden, und die Franzosen **Carles** und **Robert** waren die Ersten, welche mit einem, aus überfirnißtem Taffent gemachten und mit brennbarer Luft gefüllten Ballon in die Lüfte stiegen. Jetzt wird die brennbare Luft auch häufig zur Erleuchtung der Straßen und Zimmer benutzt. Man leitet sie nämlich von dem Orte, wo dieser Beleuchtungs-Stoff bereitet wird, durch enge Röhrchen bis an den Ort, wo er brennen soll, z. B. in Straßenlaternen

*) Man kann aber auch einen Luftballon zum Steigen bringen, wenn man zuvor die eingeschlossene atmosphärische Luft in der Hülle des Ballons durch Hitze zu verdünnen und dadurch leichter zu machen sucht, namentlich durch brennendes Stroh, in welches man von Zeit zu Zeit gekrempelte Wolle wirft, oder durch Rollen mit Oel getränkten Papiers. Indessen hat es die Erfahrung gelehrt, daß diese Füllung des Luftballons, obgleich sie weniger Kosten verursacht, als die mit Wasserstoffgaas, doch auch gefährlicher ist, indem der Luftballon leicht in Brand geräth.

in hohle Wand= und Kronleuchter ꝛc. Will man nun, daß diese Luft brennen soll, so steckt man sie da, wo sie ausströmt, mit einem Lichte in Brand, und benutzt also bloß Luft, anstatt des sonst gewöhnlichen Oeles und Dochtes.

Alle diese Luftarten können nur dann uns nützlich sein, wenn sie mit der atmosphärischen Luft verbunden sind; denn zu viel Stickluft, so wie fixe Luft, würden uns ersticken; zu viel reine Lebensluft aber würde uns zu schnell verzehren. Darum hat der allweise und gütige Schöpfer diese Luftarten mit der atmosphärischen Luft so verbunden, daß man in 100 Theilen atmosphärischer Luft 21 Theile Lebensluft, 78 Theile Stickstoff und 1 Theil fixe Luft findet; und nur in dieser so gemischten Luft können Menschen und Thiere leben, Pflanzen gedeihen und das Feuer brennen.

Neunte Unterredung.

L. Wasser kennen wir Alle. Du wirst mir also auch die Frage beantworten können: Was ist das Wasser?

Sch. Ein durchsichtiger, flüssiger und schwerer Körper, welcher den größten Theil der Erdoberfläche bedecket und daselbst Meere, Seen, Flüsse, Bäche und Quellen bildet.

L. Warum ist das Wasser durchsichtig?

Sch. Weil man, wenn das Wasser rein ist, einen Stein und andere auf dem Grunde liegende Sachen sehen kann.

L. Wie kommt es aber, daß man nicht immer durch das Wasser hindurch sehen kann?

Sch. Dies kommt daher, daß es sich mit fremden, besonders erdigen Theilen vermischt. Reines Wasser, welches keinen Geruch, keinen Geschmack und keine Farbe hat, wird nie in der Natur, sondern durch die Scheidekunst gefunden. Beinahe ganz rein ist das Regenwasser.

L. Woher kommt es, daß das Wasser selten ganz rein ist?

Sch. Daher, weil das Wasser oft eine große Strecke unter der Erde wegläuft und auf diesem langen Wege mitunter Sachen, wie z. B. Vitriol, Schwefel, Eisen, Salz, u. dgl. m. antrifft, wovon es Theile aufzulösen im Stande ist.

L. Daher giebt es Bitterwasser, Sauerwasser, Schwefelwasser, u. dgl., welche mineralische Wasser heißen, und da man einige dieser Wasser äußerlich und andere innerlich zur Heilung mancher Krankheiten anwen=

det, so werden sie auch zu Gesundbrunnen und Bädern benutzt. — Was heißt: das Wasser ist flüssig?

Sch. Es sucht immer im Gleichgewichte zu bleiben und nimmt, in ein Gefäß gebracht, die innere Gestalt eines jeden Gefäßes an.

L. Kannst du mir die Flüssigkeit des Wassers durch ein Beispiel erläutern?

Sch. Schlägt man mit einem Stocke oder mit der Hand ins Wasser, so theilt es sich. Im Augenbicke aber fließt das getrennte Wasser wieder zusammen, also ist das Wasser flüssig.

L. Wie geht es aber zu, daß man im Winter oft auf dem Wasser gehen, reiten, sogar fahren kann?

Sch. Weil es alsdann Eis und das Eis ein fester Körper ist.

L. Warum nennst du das Eis einen festen Körper?

Sch. Weil es entzwei geschlagen werden kann, aber als Eis nicht wieder zusammenfließt.

L. Warum wird denn aber im Sommer das Wasser nicht zu Eis?

Sch. Weil es dann zu warm ist.

L. Was erhält also das Wasser flüssig?

Sch. Die Wärme,

L. Wann und wodurch wird aber das Wasser zu einem festen Körper, zu Eis?

Sch. Im Winter durch die Kälte, welche dem Wasser die Wärme entzieht.

L. Woher kommt es, daß das Eis im Wasser schwimmt, und zugestopfte Gefäße, sobald die darin enthaltene Flüssigkeit in Eis verwandelt wird, zerspringen?

Sch. Daher, weil das Eis, wegen der darin enthaltenen Luftblasen einen größern Raum einnimmt, als das Wasser, woraus es entstand.

L. Warum ist das Wasser auch ein schwerer Körper?

Sch. Weil ein mit Wasser gefüllter Eimer schwerer ist, als ein Eimer ohne Wasser.

L. Was bewirkt diese Eigenschaft des Wassers?

Sch. Daß Körper, wie z. B. Federn, Holz, Oel, welche leichter sind als eine eben so große Wassermasse, auf dem Wasser schwimmen.

L. Was geschieht mit einem Steine, wenn er ins Wasser geworfen wird?

Sch. Er sinkt im Wasser unter, weil er schwerer ist, als die eben so große Wassermasse, die er aus der Stelle treibt.

L. Kann man auch einen schweren Körper zum Schwimmen bringen?

Sch. O ja, wenn man ihn in einen größern Raum ausdehnt und somit eine größere Wasserfläche bedecken läßt, die ihm so Widerstand leisten kann. So schwimmt z. B. ein kupfernes leeres Gefäß auf Wasser; schlüge man aber die Masse desselben zu einer Kugel zusammen, so würde diese nicht mehr schwimmen.

L. Daher schwimmen auch Schiffe, wenn ihr Gewicht sammt der Last noch um etwas leichter ist, als eine gleich große Wassermasse. — Warum sinkt aber nach einiger Zeit auch ein leichter Körper unter?

Sch. Weil er durch die Wassertheilchen, die in seine **pori** (kleine Oeffnungen) dringen, schwerer wird.

L. Daß der Körper eines Ertrunkenen nach einigen Tagen auf der Oberfläche des Wassers schwimmt, kommt daher, weil er bald in Fäulniß übergeht, wegen der darin entwickelten Luft aufschwillt, ohne daß er an Gewicht zunimmt, und folglich einen größern Raum ausfüllt, als eine gleich große Menge Wasser beträgt. Welches Wasser ist schwerer, das Meer- oder das Flußwasser?

Sch. Das Meerwasser ist wegen des darin enthaltenen Salz- und Bitterstoffes weit schwerer, als das süße Flußwasser.

L. Vermöge dieser Schwere kann man in der See weit leichter schwimmen, als in Flüssen, und auch die Seeschiffe schwerer belasten, als die Flußschiffe; denn wie viel das Salz zur Vermehrung der Schwere des Wassers beiträgt, lehrt z. B. folgender Versuch: Schüttet man in ein Glas Süßwasser, in welchem ein Ei untergesunken ist, so viel Salz, als sich darin auflösen läßt, so wird das Ei wieder emporsteigen und auf dem Wasser schwimmen. Schiffe sinken daher in Flüssen, worin süßes Wasser ist, tiefer ein, als in dem salzigen Meerwasser*). So verschieden das Gewicht des See- und Flußwassers ist, eben so verschieden an Gewicht ist auch das Brunnen- und Flußwasser; am leichtesten ist reines Regen- und Schneewasser. — Welchen Nutzen gewährt die Salzigkeit des Meerwassers ferner?

Sch. Daß das Meer nicht so leicht in Fäulniß gerathe und dadurch die Luft verpeste; auch können die mei-

*) Nach Aussage erfahrner Schiffer soll der Unterschied des Tiefgehens der Seefahrzeuge, zwischen den in der Ostsee und den im Dünastrome bei 10 Fuß tief gehenden Schiffen nur etwas über 2 Zoll betragen.

sten Seethiere nur in diesem salzigen Seewasser ihr Leben erhalten.

L. Und in Küstenländern, z. B. in Portugal, wird Kochsalz aus dem Seewasser bereitet. Auch das Baden im Meerwasser ist manchem Kranken sehr zuträglich. — Haben die Wassertheilchen auch einige Härte?

Sch. Ja; denn wirft man einen platten Stein schräg auf die Oberfläche des Wassers hin, so sieht man, daß er in dieser schiefen Richtung von demselben, wie von festen harten Körpern abprallt — wieder schief auffällt und dieses so in einigen Sprüngen wiederholt.

L. Welches sind die vornehmsten Wirkungen des Wassers?

Sch. 1) Es löset viele Körper auf; z. B. Zucker und besonders die Salze. 2) Es dehnt die Körper, in deren Zwischenräume es eindringt, aus, z. B. das Holz. Daher kommt es, daß bei vielem Regen oder anhaltendem feuchten Wetter die Fenster und Thüren, wie man sagt, verquollen sind.

L. Woher kommt es, daß ein Seil oder eine Saite durch die eingedrungene Feuchtigkeit kürzer wird?

Sch. Daher, weil das Seil oder die Saite wegen der eingedrungenen Feuchtigkeit aufschwillt und daher mehr in die Dicke ausgedehnt wird.

L. Hierauf gründet sich auch die Einrichtung der Feuchtigkeitsmesser (Hygrometer), woran man den verschiedenen Grad der Feuchtigkeit oder Trockenheit der Luft bemerken kann.

Zehnte Unterredung.

L. Wenn wir einen geheizten Stubenofen anfühlen, so finden wir, daß er entweder warm oder heiß ist. Im Sommer aber, in welcher Zeit der Ofen nicht geheizt wird, finden wir ihn kalt. Du, Kleiner! durch welchen Sinn können wir Wärme, Hitze und Kälte wahrnehmen?

Sch. Durch den Sinn des Gefühls.

L. Wann finden wir aber einen Gegenstand warm, wann heiß, wann kalt? — Das sollt ihr gleich in Erfahrung bringen. Du, Erster, hole mir den auf dem Fensterbrette liegenden kleinen Schlüssel aus dem jetzt kalten Nebenzimmer! — Wie findest du jetzt diesen Schlüssel?

Sch. Kalt.

L. Halte ihn nur eine Zeitlang in der Hand, und sage uns, wie du ihn zuletzt findest.

Sch. Jetzt ist er so warm wie meine Hand.

L. Wie kommt das aber? Gewiß ist von der Wärme deiner Hand etwas in den Schlüssel übergegangen und zwar so lange, bis er mit der Hand gleiche Wärme hatte. — Kannst du mir nun sagen, wann du einen Gegenstand kalt findest?

Sch. Ich finde einen mich berührenden Gegenstand dann kalt, wenn aus meinem Körper Wärme in ihn übergeht.

L. Wie lange dauert aber das Wärmeübergehen in den kalten Gegenstand?

Sch. So lange, bis er so viel Wärme hat, so warm ist, wie mein Körper.

L. Es kann aber auch der umgekehrte Fall eintreten, es kann nämlich aus dem Gegenstande, den ich berühre, auch Wärme in meinen Körper übergehen. Berühre ich z. B. einen warmen Ofen, so geht gewiß Wärme aus dem Ofen in meine Hand; berühre ich dagegen einen kalten Ofen, so geht aus meiner Hand Wärme in den Ofen. In jenem Falle sage ich: der Ofen ist warm, in diesem: er ist kalt. — Wann finde ich demnach einen Gegenstand warm, wann kalt?

Sch. Ich finde einen Gegenstand warm, wenn aus ihm Wärme in meinen Körper übergeht, und kalt, wenn mein Körper einem Gegenstande Wärme mittheilt.

L. Von der Luft werden wir beständig berührt. Wann finden wir diese kalt, wann warm? Sehr oft kann für einen Menschen etwas kalt sein, was für einen andern warm ist. Es kommt dabei nur auf den größern oder geringern Theil Wärme eines jeden an. Hier ist es warm, sagt z. B. August, der von draußen in eine Stube tritt. Und ich finde es kalt, sagt Bernhard, der eben aus dem warmen Bette aufgestanden ist. Für mich aber ist es hier nicht warm und nicht kalt, erwiedert Wilhelm. — Alle drei haben Recht. August findet es nämlich beim Eintreten in die Stube darum warm, weil sein Körper in der freien kalten Luft viel Wärme verloren hat, und nun in denselben, aus der ihn umgebenden Stubenluft, Wärme zufließt. Bernhard aber findet es kalt, weil jetzt sein Körper mehr Wärme enthält als die Stubenluft, und daher aus jenem Wärme in diese überströmt. Wilhelm findet es dagegen weder kalt noch warm, weil sein Körper mit der Stubenluft ungefähr gleichen Grad der Wärme hat, und folglich hier nicht so merklich Wärme aus dem einen Gegenstand in den andern übergeht. Es heißt dann: die Wärme ist im Gleichgewicht — wann?

Sch. Wenn ein Körper mit dem andern gleichen Grad der Wärme hat.

L. Wann der Ofen warm zu nennen ist, wißt ihr; wann nämlich?

Sch. Dann, wenn aus dem berührten Ofen Wärme in meinen Körper übergeht.

L. Wenn aber aus einem Gegenstande so viel Wärme in unsern Körper strömt, daß er uns dadurch unangenehme Empfindungen verursacht; so nennt man ihn heiß. Hitze ist also ein höherer Grad von Wärme.

Wenn ich eine Stricknadel auf Holz oder Leder stark reibe; was geschieht?

Sch. Sie wird warm und, bei fortgesetzter Reibung, ganz heiß.

L. Woher kommt nun auf einmal die Wärme? Von außen kommt sie nicht.

Sch. Doch vermuthlich von dem Wärmestoffe, welcher vorher schon in der Stricknadel war, und welcher durch die Reibung entwickelt wurde.

L. Ganz recht. Ja, die Naturforscher lehren, daß alle Körper der Erde Wärmestoff und zwar gebunden, d. h. für uns nicht fühlbar, enthalten, daß derselbe aber auf mancherlei Art in Bewegung gesetzt und frei, d. h. für uns fühlbar oder merklich, gemacht werden könne. — Jetzt wirst du mir auch sagen können, warum ungelöschter Kalk, wenn er mit Wasser begossen wird, sich so erhitzt, daß man die Finger daran verbrennen könnte?

Sch. Weil durch die Vereinigung des Wassers mit dem Kalk der zuvor gebundene Wärmestoff in Bewegung gesetzt, also frei und uns merklich gemacht wird.

L. Merkt ferner, daß die Wirkungen des entbundenen Wärmestoffs bei allen Körpern nicht gleich, sondern sehr verschieden sind. Einige Körper werden durch die Entbindung des Wärmestoffs bloß warm oder heiß; z. B. ein Stein, der auf einem heißen Ofen liegt; andere fangen dadurch an, langsam ohne Flammen zu brennen, d. h. zu glühen, wie Eisen, das im Feuer liegt; andere gerathen dadurch in Flammen, und werden durch diese zu Asche verwandelt, wie Holz, das im Feuer liegt. — Wie entsteht also sowohl die Wärme als das Feuer?

Sch. Wenn der im Körper befindliche, gebundene Wärmestoff auf irgend eine Art in Bewegung gesetzt und dadurch frei gemacht wird.

L. Diese Entbindung des Wärmestoffes kann nun auf verschiedene Art geschehen, und zwar: 1) durch Schlagen und Reiben der Körper an einander, 2) durch die Sonnenstrahlen, 3) durch Selbstentzündung, 4) durch Zusammendrücken oder Pressen der Körper, 5) durch Mittheilung. — Wie wird in manchen Körpern durch Schlagen und Reiben Wärme oder Feuer erweckt? Diese und mehre andere Fragen will ich nun selbst durch gegebene Antworten erläutern. Gebt aber recht Acht; denn ihr müsset Alles wiederholen. — Eisen wird warm, wenn man es lange mit einem Hammer stark schlägt; ja, geschickte Schmiede hämmern ein kaltes Stück Eisen so lange, bis es glühet, um ein Schwefelholz anzünden zu können. Die Hände reibt man, wenn sie kalt sind, um sie dadurch zu erwärmen. Maschinen-, Mühlen- und Wagenräder werden durch schnelles Reiben an ihren Achsen nach und nach so erhitzt, daß sie in Brand gerathen, wenn man sie nicht, um die Reibung zu verhindern, öfter einschmiert. — Sägen, Feilen, Bohrer, Kelle und andere metallne Werkzeuge werden beim Gebrauch oft bis zum Glühen heiß. — Durch das Anschlagen mit einem Stahl an einen Feuerstein werden von beiden kleine Stückchen losgerissen, welche in glühende Kügelchen oder Funken schmelzen und den Feuerschwamm oder Zunder anzünden. — Manche Wilde haben kein anderes Feuerzeug, als zwei Hölzer, ein weiches und ein hartes, welche sie durch anhaltend schnelles Aneinanderreiben so sehr erhitzen, daß sie das dazwischen gelegte trockene Moos entzünden.

Wiederhole das Gesagte, wenn auch nicht mit denselben Worten!

Warum wird durch Sonnenstrahlen Wärme oder Feuer erweckt? — Weil Gott denselben die Kraft verliehen hat, den Wärmestoff zu entwickeln. Im Sommer werden dadurch Steine, eiserne Geländer, Holz und dergl. oft ganz heiß. Ja, in den Wüsten Afrika's wird durch dieselben der Sand fast glühend. — Nur durch die Sonnenstrahlen allein reifen und gedeihen alle Früchte. — Wenn man einen Theil der Sonnenstrahlen durch ein Brennglas in einem Punkte zusammen bringt, so entzünden sie die in den Brennpunkt gehaltenen brennbaren Sachen. — Mit Brennspiegeln kann man sogar Fichtenholz unter dem Wasser in Kohle verwandeln, und Gold und Silber schmelzen. — Wiederhole das eben Gesagte!

Wie wird durch Selbstentzündung Wärme oder Feuer erweckt? — Auf verschiedene Art: z. B. feuchtes, fest gepacktes Heu entzündet sich zuweilen, wenn es in Gährung geräth, und bricht, sobald die Luft hinzutritt, in Flammen aus; eben so feuchtes Getreide, Hanf, Flachs, Düngerhaufen, Gerberlohe, Sägspäne, Malz, gemahlener Kaffee, geröstete Zichorien, Kleie u. s. w. Wie manche Feuersbrunst ist schon daher entstanden! — Andere Stoffe erhitzen sich am leichtesten, wenn sie mit einander vermischt werden; wie Wasser und Kalk. — Auch hat man Beispiele, daß Menschen, die den übermäßigen Genuß des Branntweins liebten, durch das in ihnen ausgebrochene Feuer in kurzer Zeit zu Asche verbrannt wurden. — In Bergwerken finden sich oft böse Schwaden (fixe Luft), welche sich sogleich entzünden, wenn sie von einem brennenden Lichte berührt werden. — Phosphor entzündet sich in freier Luft an einem warmen Orte sehr leicht von selbst. Terpentinöl, concentrirte Schwefelsäure und Salpetersäure, unter einander geschüttelt, brechen sogleich in die heftigste Flamme aus. Schwefelkies entzündet sich von selbst, wenn nur Feuchtigkeit hinzu kommt. Entstehen ähnliche Entzündungen im Innern der Erde, indem sich Regen- oder Meerwasser auf ein Lager von Schwefelkies ergießt, so entwickeln sich dadurch Dämpfe, die sich mit aller Macht einen Ausgang bahnen. Sie heben Felsen auf, reißen die Erde aus einander, bewirken eine Bewegung derselben, welche man Erdbeben nennt, und schleudern Steine, Feuer und geschmolzene Erze in die Lüfte. Aus derselben Ursache entstehen auch die Vulkane oder feuerspeienden Berge, so wie auf ähnliche Art sich auch die warmen Quellen bilden. Eines der fürchterlichsten unter den bekannten Erdbeben war das, welches im Jahre 1755 Portugal traf, und die Stadt Lissabon größtentheils zerstörte; 30,000 Menschen wurden hier unter den Trümmern begraben. Nachdem man schon das ganze Jahr in verschiedenen Gegenden Erderschütterungen, heftige Orkane und mancherlei Lufterscheinungen gehabt hatte, hörte man den 1. November, Morgens um 10 Uhr, in Lissabon ein starkes unterirdisches Rollen; dann folgten zwei heftige Stöße; die Erde ward aufgeworfen; die meisten Häuser umgestürzt, und viele in die Erde versenkt. Ein Berg im Innern des Landes zerspaltete sich, und versank zum Theil; ein anderer am Ufer stürzte in die See, und diese ward dabei so wüthend, daß sie die größten Lastschiffe über 24 Fuß hohe Mauern warf. — Durch das Erdbeben bei Neapel im Jahre 1805, den 26. Juli, Abends 10 Uhr, stürzten in Neapel 800 Häuser ein, und gegen 8000 wurden beschädigt; in 8 Ortschaften verloren wenigstens 100,000 Menschen ihr Leben. Und dies Alles geschah in einer Zeit von $1\frac{1}{2}$ Minute.

Auf folgende Art läßt sich eine dem Erdbeben ähnliche Erscheinung im Kleinen hervorbringen. Man rühre im Sommer feinen Schwefel und Eisenfeilspäne, von jedem 25 Pfund, mit eben so viel Wasser zu einem Teige und vergrabe dann diese Mischung in einem mit Leinwand zugebundenen Topfe 1 Fuß tief in die Erde. Nach 3 bis 4 Tagen wird alsdann die Masse sich entzünden und die Erde in eine zitternde Bewegung gebracht und gehoben werden. Darauf wird man bemerken, daß Schwefeldämpfe und Feuerflammen hervordringen, welche schwarzes und gelbes Pulver umherstreuen. — Wovon haben wir jetzt gesprochen? — Wiederhole das Gesagte!

Wie wird durch Zusammendrücken oder Pressen der Körper Wärme oder Feuer erweckt? — Wenn man in eine 5 Zoll lange messingene Röhre — die sehr glatt ausgebohrt, unten aber fest verschlossen ist — einen Kolben so einpaßt, daß er luftdicht die innern Wände der kleinen Röhre berührt; so wird durch das schnelle Hineinstoßen des Kolbens die darin befindliche Luft durch das Zusammenpressen auf einen so hohen Grad erhitzt, daß ein, unten am Kolben angebrachtes Stückchen Feuerschwamm anbrennt; denn die Wärme, die in der ganzen Luft der Röhre befindlich ist, wird durch das schnelle Hineinstoßen des Kolbens — auf einen Punkt vereint — desto wirksamer. Diese Eigenschaft der zusammengepreßten Luft soll ein französischer Soldat entdeckt haben, als er den Lauf seines Gewehrs putzte, dessen Zündloch verstopft war, indem der Leinwandlappen brannte, den er mit dem Putzstocke rasch hineingestoßen hatte. — Wiederhole auch dies Gesagte!

Wie wird durch Mittheilung Wärme oder Feuer erweckt? — Auf verschiedene Art. Legt man z. B. ein heißes Eisen auf ein kaltes, so wird diesem durch jenes so viel Wärme mitgetheilt, bis beide gleich warm sind, und also das Gleichgewicht hergestellt ist. Freilich bemerken wir nach kurzer Zeit, daß beide Eisen nicht mehr so warm sind, wie eben vorher, und wie lange werden sie immer an Wärme verlieren?

Sch. So lange, bis sie mit der sie umgebenden Luft im gleichen Grade freie Wärme haben.

L. Ein warmer Ofen, in dem nicht von neuem geheizt wird, verliert seine Wärme nach und nach; wie geht das zu?

Sch. Ja, er theilt der ihn umgebenden Luft und andern Gegenständen in seiner Nähe von seiner Wärme mit, bis diese ins Gleichgewicht kommt.

L. Es versteht sich von selbst: sollte der Ofen in gleicher Wärme bleiben, so müßte ihm auch immer so viel Wärme durch das Einheizen zufließen, als er abgiebt. Wie geht es denn aber zu, daß die Wärme nach und nach wieder aus dem Zimmer verschwindet?

Sch. Die in der Stube befindliche Wärme theilt sich wieder den Wänden mit, und die der Wände wieder der kälteren Luft von außen.

L. Wie das Durchwärmen der Luft in einem geheizten Zimmer geschieht, ergiebt sich aus Folgendem: Die Luftschichten, welche zunächst den Ofen umgeben, werden zuerst warm, dehnen sich durch die Wärme aus, werden also leichter, und steigen in die Höhe; dabei kommen andere kalte Luftschichten unten aus dem Zimmer näher an den Ofen, werden erwärmt und steigen auf; und so giebt es einen Kreislauf, indem auch die obern Luftschichten, wenn sie kälter werden, wieder nieder und von neuem an den Ofen kommen. Daraus läßt sich auch erklären, warum sich ein niedriges Zimmer leichter und schneller heizen läßt, als ein sehr hohes Zimmer. Wollt ihr diesen Kreislauf der Luft sehen, so dürfet ihr nur die Thür, welche sich zwischen einem geheizten und ungeheizten Zimmer befindet, öffnen, dann ein brennendes Licht nahe an den Boden der Thüre halten, und ihr werdet sehen, wie die Flamme des Lichtes von der eindringenden kältern Luft nach dem Zimmer hingetrieben wird, in welchem sich der geheizte Ofen befindet; haltet ihr aber das Licht oben in die Thür, so wird die Flamme von der wärmern Luft nach dem ungeheizten Zimmer hingetrieben. — Eine ähnliche Bewandtniß hat es auch mit dem Erwärmen durch die Sonne. Zuerst wird durch sie die Erde erwärmt, dann von der warmen Erde die an sie grenzende Luft, welche dann aufsteigt und der höhern Luft die Wärme mittheilt. Weil nun aber die aufsteigende erwärmte Luft nach und nach an Wärme verliert, indem sie selbige der höhern Luft mittheilt, so kann sich die Wärme auch nur bis zu einer gewissen Höhe in der Luft erstrecken. Dies ist daher die Ursache, daß auf hohen Bergen mitten im Sommer große Kälte herrscht, und dort ewiger Schnee und Eis zu finden ist. — Wir wissen also, daß Wärme so lange aus einem Gegenstande in den andern überströmt, bis sie in beiden Körpern ins Gleichgewicht kommt. Bringt man aber brennbare Körper mit solchen in Berührung, welche schon im Brennen sind, so wird den ersten Feuer und Wärme mitgetheilt; z. B. ein brennendes Licht oder Holz zündet ein anderes nicht brennendes an. — Merkt euch aber auch, daß nicht alle Körper die Wärme gleich schnell aufnehmen. Wie fühlt sich z. B. eine eiserne Stange, die draußen gelegen hat, an, besonders im Winter?

Sch. Sehr kalt.

L. Wie kommt das?

Sch. Es geht aus meiner Hand viel Wärme in die Stange über, und das sehr geschwind.

L. Fassest du dagegen eine hölzerne Stange an, die eben so lange draußen gelegen hat, was fühlst du da?

Sch. Daß das Holz nicht so kalt ist.

L. Das Eisen hat also die Eigenschaft oder Fähigkeit, die Wärme stärker und schneller aus meiner Hand herauszuziehen. Körper nun, welche die Wärme langsam aufnehmen und langsam durch sich hindurch lassen, wie Federn, Pelze, Stroh, Wolle, Haare, Seide, Glas, Papier, Horn, Kohlen, Asche, Holz, Schnee, heißen schlechte Wärmeleiter; solche dagegen, die einem Körper schnell und viel Wärme entziehen, und diese schnell durch sich hindurch lassen, wodurch sie aber auch schneller, als schlechte Wärmeleiter, wieder erkalten, wie Metalle, Steine u. dergl., heißen gute Wärmeleiter. — Was sind also schlechte, was gute Wärmeleiter? — Nenne einige Körper, welche zu den guten, und einige, welche zu den schlechten Wärmeleitern gehören!

Aus dieser Verschiedenheit der Körper lassen sich nun folgende Erscheinungen leicht erklären. Wollene Kleider schützen uns mehr gegen die Kälte, als leinene, weil sie die Wärme unsers Körpers nicht so leicht durch sich hindurch lassen. Sagt man daher recht: „Mein Schuppenpelz macht sehr warm?“

Sch. Nein; er ist ja keine Wärmequelle, sondern er erhält nur die Wärme unsers Körpers.

L. Er ist also, wie überhaupt alle Körper von lockerem Zusammenhange, ein schlechter Wärmeleiter — warum?

Sch. Weil er die Wärme unsers Körpers langsam aufnimmt, und langsam durch sich hindurch läßt.

L. Nimmst du aber eine steinerne Kugel in die Hand, so wirst du ebenfalls, wie bei der vorhin erwähnten eisernen Stange, die Bemerkung machen — welche?

Sch. Daß die steinerne Kugel ebenfalls die Wärme aus meiner Hand schnell entzieht.

L. Was für ein Wärmeleiter ist daher die steinerne Kugel?

Sch. Ein guter Wärmeleiter.

L. Hätten drei Personen gemeinschaftlich eine Suppe zu verzehren, die etwa auf 50 Grad erhitzt wäre; so würde diejenige, welche die Suppe mit einem hölzernen Löffel äße, sie kühl, die andere, welche sie mit einem zinnernen Löffel speis'te, dieselbe warm finden, während die dritte, die mit einem silbernen Löffel schöpfte, sich gewiß derb den Mund verbrennen würde. Dieses Beispiel beweiset hinlänglich, daß dichte Körper, und unter diesen die Metalle, die besten oder schnellsten Wärmeleiter sind, und daß sich unter diesen das Silber am meisten auszeichnet. — Seht, Kinder, auch aus diesem zweifachen Unterschied der Körper die Weisheit und Güte Gottes. Wir würden im geheizten Zimmer erfrieren, wenn der Ofen die Wärme zusammenhielte, und sie der im Zimmer befindlichen Luft nicht mittheilen könnte. Eben so würde die Eidergans, ungeachtet der großen Menge ihrer Dunen, und der Bär, trotz seines dickbehaarten Felles, erfrieren, wenn die Federn dieser Gans und der Pelz des Bären die Wärme in den Körpern dieser Thiere nicht zusammenhalten würden. — Aber auch bei farbigen Körpern zeigt sich in dieser Hinsicht ein Unterschied. Körper von dunkeln Farben nehmen von den Sonnenstrahlen schneller eine größere Menge Wärmestoff auf, als Körper von helleren Farben. Daher empfindet derjenige, welcher im Sommer einen schwarzen Rock trägt, weit mehr Sonnenhitze, als der, welcher einen von hellern Farben trägt. Legt man einen Streifen von schwarzem, und einen von weißem Tuche neben einander auf Schnee, welcher von der Sonne beschienen wird; so schmilzt der Schnee eher unter dem schwarzen als unter dem weißen Streifen. Um daher den Schnee früher zum Schmelzen zu bringen, als es geschehen würde, wenn er rein und weiß bliebe, darf man nur die Oberfläche des Schnees schmutzig machen und z. B. mit Asche, Ruß, Kehricht und jedem schwarzen Staube, es sei welcher es wolle, bestreuen. — Aus dem, was wir bereits gehabt haben, wirst du mir nun leicht folgende Fragen beantworten können. Welcher Wärmeleiter wird man sich bedienen, um die vorhandene Wärme lange zu erhalten?

Sch. Der langsamen oder schlechten Wärmeleiter, und unter diesen immer die lockersten.

L. Warum ist ein mit einem Teppich belegter Fußboden wärmer, als ein bloßer Fußboden von Holz?

Sch. Weil der Teppich die Wärme langsamer ausleitet, als das Holz.

L. Warum ist aber ein Fußboden von Holz wärmer, als einer von Ziegeln oder Marmor?

Sch. Weil das Holz die Wärme wieder weniger schnell ausleitet, als Ziegel oder Marmor.

L. Warum werden Kohlpfannen, Thee- und Kaffeekannen und dergl. mit hölzernen Handgriffen versehen?

Sch. Weil man sie damit besser in der Hand halten kann; denn wären die Griffe von Eisen oder anderem Metalle, so würden diese der Hand die eindringende Hitze so schnell mittheilen, daß man die Griffe nicht anfassen könnte, ohne sich zu verbrennen.

L. Warum umwickelt man im Winter Bäume und Brunnenröhren mit Stroh?

Sch. Bäume werden mit Stroh umwunden, um sie vor dem Erfrieren zu bewahren; Brunnen, um sie vor dem Einfrieren zu schützen.

L. Warum kühlt sich glühendes Eisen im kalten Wasser geschwinder ab, als in der eben so kalten Luft?

Sch. Weil das Wasser die Wärme stärker fortleitet.

L. Wer im Winter seine Zunge an ein Stück Eisen hält, das der Kälte ausgesetzt war, kann dieselbe nicht ohne Verletzung der Haut wieder zurückziehen — wie geht das zu?

Sch. Weil das Eisen die Wärme der Zunge so schnell fortleitet, daß dadurch die Feuchtigkeit derselben sich gleich in Eis verwandelt.

L. Warum ist beim Thauwetter die Kälte uns oft empfindlicher als beim strengen Froste?

Sch. Weil die Feuchtigkeit der Luft beim Thauwetter

die Wärme aus unserm Körper stärker fortleiten, als die trockne Luft bei strengem Froste.

L. Warum erhalten doppelte Fenster im Winter die Stube länger warm, als einfache mit allenfalls doppelt so dickem Glase?

Sch. Weil die zwischen den Fenstern befindliche Luft die Wärme nicht schnell fortleitet.

L. Merkt euch auch, daß man Holz, Papier, Stroh und Zeuge durch Anstreichen oder Tränken mit gewissen Stoffen zu so schlechten Wärmeleitern machen kann, daß sie fast gar nicht erhitzt werden und überhaupt sehr lange gegen die Wirkungen des Feuers schützen. So soll z. B. der Anstrich aus folgender Masse sehr gut sein: Man lös't Potasche in Wasser auf, und rührt so viele Lehmerde darunter, bis die Masse eine Dicke, wie die gewöhnliche Holzfarbe erhält. Zuletzt rührt man noch Mehlkleister hinzu. Drei bis viermal muß das Holzwerk, welches man gegen Feuer schützen will, damit überzogen werden. — Unentzündbares Papier erhält man, wenn man es in der Papiermühle vor dem Leimen in eine Vitriol- oder auch Potaschen-Auflösung taucht. Auch durch ein Gemisch von ½ Pfund Alaun, 4 Loth Vitriolsäure und 2 Pfund Wasser kann man nicht bloß das Papier, sondern auch Kleidungsstücke unentzündbar machen. Mit jener Mischung von Alaun, Vitriolsäure und Wasser läßt sich auch die menschliche Oberhaut zu einem schlechten Wärmeleiter und bis zu einem gewissen Grade unverbrennlich machen, wenn damit dieselbe eingerieben wird. Hierauf beruhen die Künste der sogenannten unverbrennlichen Männer, welche glühendes Eisen auf dem Arme hin- und herbewegen, ohne sich lange damit auf einer Stelle zu verweilen, oder mit bloßen Füßen auf glühendem Eisen tanzen, glühendes Eisen über die Zunge ziehen, geschmolzenes Blei in die bloße Hand nehmen, kochendes Oel verschlucken, und dergleichen furchtbar sich ausnehmende Kunststücke mehr machen.

Sch. Aber wie ist es denn möglich, daß durch diese Mischung die Haut so unverbrennlich wird?

L. Das läßt sich leicht erklären. Die Vitriolsäure zieht das ohnehin unempfindliche Oberhäutchen durch Beihülfe des Alauns, der zu ähnlichen Zwecken von Weißgerbern benützt wird, zusammen, und verwandelt sie in ein von dem Alaun durchdrungenes Leder, das nun als schlechter Wärmeleiter eine beträchtliche Hitze ertragen kann, ohne diese der darunter befindlichen empfindlichen Lederhaut in einem ansehnlichen Grade mitzutheilen. Auch das geschmolzene Blei, welches sie für Blei ausgeben, ist nicht einmal Blei, sondern ein bleiähnliches, aus einem halben Loth Zinn und einem halben Loth Wismut zusammengeschmolzenes Metall, welches die Eigenschaft besitzt, schon bei der Hitze des kochenden Wassers zu schmelzen. Theelöffelchen z. B., die man aus diesem Metalle gießt, zerfließen zum nicht geringen Staunen der Unwissenden gar bald, sobald man sie in kochendes Wasser, z. B. Thee, bringt. Diese Metallmischung hat also auch im geschmolzenen Zustande keinen hohen Grad von Hitze. — Das scheinbar siedende Oel, welches diese Menschen verschlucken, ist auch nur ein Gemenge von Oel und Wasser, und da sich letzteres in der Wärme von dem Oele trennt, so kann auch dieses nicht so sehr heiß werden. — Indessen wollte ich euch doch nicht rathen, dieses Kunststück auf euch in Anwendung zu bringen, da so mancherlei dabei zu wissen und zu beobachten nöthig ist, wenn man nicht in Gefahr gerathen will, auf mehrfache Weise Schaden zu nehmen. So wirkt z. B. die Schwefelsäure, Vitriolöl genannt, in ihrem ungemischten Zustande so zerstörend auf die meisten Körper ein, daß sie nicht nur die Kleider in kurzer Zeit zerfressen, auf die Haut gebracht, dieselbe fast augenblicklich durchlöchern und die gefährlichsten, schmerzhaftesten Wunden und Geschwüre verursachen würde, sondern sogar in beträchtlicher Menge auf Holz geschüttet, dasselbe entflammen und so Feuersbrünste verursachen könnte.

Sch. Wenn sie so schreckliche Wirkung macht, wie ist es denn da aber möglich, daß man sich die Haut damit einschmieren kann?

L. Deßwegen wird sie mit Wasser so lange verdünnt oder geschwächt, bis sie die Haut nicht mehr angreift; immer aber wird die Haut lederartig und so ziemlich unbiegsam gemacht, daß ihr mit solchen Händen gar lange nicht mehr im Stande wäret, auf dem Klaviere oder der Violine zu spielen. Darum überlaßt solche nichts werthe Dinge den Gauklern und anderm müssigen Gesindel der Art. Es giebt würdigere Dinge, auf welche wir unsere Aufmerksamkeit und unser Streben wenden wollen. Ich enthülle euch dergleichen Dinge, nicht um dieselben nachzuahmen und damit vor andern auf eine elende Art zu glänzen, sondern euch vor Täuschung und Betrug zu bewahren, mit den Wirkungen und den Kräften der Natur bekannt zu machen, und den Schleier von ähnlichen Wunderwerken zu ziehen, die ihr außerdem als ein unlösbares Räthsel anstaunen müßtet. —

Menschen, die schwere Handarbeiten anhaltend verrichten, bekommen nach und nach einen hornartigen Ueberzug über die innere Fläche der Hand, und können sich daher so leicht die Hand nicht verbrennen; weil Horn ein schlechter Wärmeleiter ist und als solcher die Hitze an die gefühlvollen Nerven nicht sobald zuläßt. Daher können Schmiede, welche den ganzen Tag den schweren Hammer führen, oft glühende Kohlen in die Hand legen, und sie längere Zeit darin liegen lassen, ohne sich zu verbrennen. Man weiß sogar, daß Arbeiter in Kupferhütten geschmolzenes Kupfer in die hohle Hand nahmen und darin erkalten ließen. — — Bei einigem Nachdenken werdet ihr nun folgende Fragen leicht beantworten können: Warum umwickeln die Frauenzimmer den heißen metallnen Handgriff des Plätteisens beim Gebrauch mit einem leinenen Tuche? — Warum hält ein Strohdach im Sommer kühler, im Winter wärmer, als ein steinernes? — Warum ist ein eiserner Ofen schneller heiß, aber auch schneller wieder kalt, als ein thönerner? — Warum können wir im strengsten Winter, wenn wir mit einer Federdecke bedeckt sind, die Kälte aushalten? — Warum bringt eine Metalldecke diese Wirkung nicht hervor? — Warum schützt der Schnee die Saat vor dem Erfrieren? — Warum friert uns so leicht in nassen Kleidern? — Warum erhalten doppelte Hemden den Menschen mehr warm, als ein einfaches? — Streuet man Asche in die Hand, so kann man eine glühende Kohle hinein legen, ohne daß man sich verbrennt — wie geht das zu? — Bestreicht man die Hände mit einer Salbe aus Eierdotter, Gummi und etwas Stärke, so kann man sogar sehr stark glühende Kohlen darauf legen — wie erklärst du das? — Warum halten hölzerne Wände eines Zimmers die Wärme besser beisammen, als steinerne? — Wenn steinerne Wände mit Papier oder mit Papiertapeten bekleidet sind, so thun sie in Hinsicht des Beisammenhaltens der Wärme gleichfalls sehr gute Dienste — wie geht das zu? — Warum hat Gott es so eingerichtet, daß die Thiere in den kältern Gegenden mit weit dichteren Haaren versehen sind, als die in den wärmeren Gegenden?

Jetzt will ich euch einige Vorsichtsmaßregeln mittheilen, welche ihr in Hinsicht des Feuers zu beobachten habt. Daß das Feuer gewöhnlich durch Mittheilung verbreitet wird, wißt ihr bereits. Um daher Feuerschaden zu verhüten, gehe man mit keinem offenen Lichte oder mit einer brennenden Tabakspfeife, oder mit einem brennenden Span zu leicht Feuer fangenden Sachen, dergleichen Holz, Reisig, Hobelspäne, Heu, Stroh, Flachs, Branntweine und andere mehr sind. Auch schmelze oder brate man nie bei einem hochlodernden Feuer fettige Körper, z. B. Butter, Talg, Speck u. s. w., sondern nur auf Kohlen, und auch dann noch mit aller nur möglichen Vorsicht. — Ist an einem Orte Schießpulver vorhanden, so halte man nicht nur alles Feuer entfernt, sondern vermeide auch jede Reibung. — Sind zur Nachtzeit auf dem Herde noch glimmende Kohlen, so lösche man entweder diese aus, oder decke sie vor Schlafengehen mit einem irdenen oder metallenen Deckel zu und verwahre auch die Ofenthüre; oft schon legten sich Katzen an solche warme Orte, liefen mit ihren brennenden Haaren auf Heuböden und verursachten Feuersbrünste. In der Aufbewahrung der Asche sei man ebenfalls vorsichtig.

Zur Verminderung oder Löschung eines Feuers bedient man sich aber folgender Mittel: Man sucht so viel wie möglich dem Feuer den Zutritt der Luft zu entziehen, welches dadurch geschieht, daß man den brennenden Körper mit einem andern zudeckt, und ihn mit Wasser, am besten mit trübem, begießt. Das Wasser nämlich hängt sich an die Oberfläche des brennenden Körpers an, verschließt seine Zwischenräume, entzieht demselben den zum Verbrennen erforderlichen Grad der Wärme (Hitze) und löscht somit die Flamme. —

Dagegen lassen sich brennende Fette und Oele nicht mit Wasser löschen, weil dieses schwerer ist, als jenes. Wird nun auf das brennende Oel Wasser gegossen, so sinkt dieses tiefer, als jenes, so daß das Oel oben bleibt und das Wasser unten. Durch die Hitze wird nun das Wasser schnell in Dampf verwandelt, dieser dehnt sich mit Heftigkeit aus, reißt das oben liegende brennende Oel mit fort, und wirft es, noch größere Gefahr bringend, umher. Am besten löscht man brennendes Oel, wenn man kaltes Oel in gehöriger Menge zugießt. Beides mischt sich schnell, und dieses entzieht jenem eben so schnell einen großen Theil der Hitze. — Ein kleines Feuer löscht man schnell, wenn man Bettzeug, Kleidungsstücke und dergl. darauf deckt. — So wie das Feuer im Ofen aufhört zu brennen, sobald man den Luftzug verhindert; eben so löscht man das Feuer im brennenden Schornsteine, wenn man ihn oben mit nassen Decken oder mit Säcken voll Mist bedeckt; auch durch ein oder mehre Pfunde Schwefelhölzer, welche man auf dem Feuerherde unter dem brennenden Schornsteine anzündet, pflegt man das Feuer zu verlöschen, weil der Schwefeldampf durch seine erstickende Eigenschaft das Feuer im Schornsteine erstickt. Aus demselben Grunde löscht man das Feuer im brennenden Schornsteine (so fern derselbe nur stark genug ist), wenn man mit einem Feuergewehre hinein schießt. — In einem brennenden Zimmer darf man Fenster und Thüren nicht gleich aufmachen. — Dadurch, daß man ein neben dem brennenden Hause stehendes, nicht brennendes Gebäude ganz abriß, wurden oft schon ganze Dörfer und Städte vor dem Verbrennen geschützt. — Zum Löschen bei entstandenen Feuersbrünsten hat man eine Art Löschwische (an lange Stangen gebundene Lappen, welche man naß macht, und über die brennenden Hölzer streicht) besser gefunden, als bloßes Eingießen von Wasser. Durch Versuche hat man vor einigen Jahren gefunden, daß sich auch durch Häcksel das lebhafteste Feuer schnell unterdrücken läßt. Man legte nämlich auf mehre lebhaft brennende Scheite Holz einige Pfund trocknes Stroh, um ein stark loderndes Feuer hervorzubringen, und als dieses in der größten Gluth war, wurde Häcksel darauf geschüttet, mit dessen Einfallen augenblicklich das Feuer erlosch. So hörte auch ein Stück glühendes Eisen, sobald man es in Häcksel gesteckt hatte, bald auf zu glühen. Nicht weniger wirksam zeigte sich der Häcksel bei folgendem Versuch: Ueber einen Sack Getreide wurde reichlich Pulver gestreut, über dieses geöltes Papier gelegt und sodann von Holz und Stroh Feuer darüber gemacht, welches in der größten Gluth mit Häcksel überschüttet und sogleich dergestalt gelöscht wurde, daß Papier, Pulver und Getreide unbeschädigt blieben. Aus allem diesen ergiebt sich also, daß es rathsam wäre, in großen Fabriken und an allen feuergefährlichen Orten, außer den Wasserkübeln, auch große Säcke mit nicht zu grobem Häcksel aus Roggenstroh vorräthig zu halten, um sich desselben zur Unterdrückung des Feuers, wo die Oertlichkeit solches zuläßt, zu bedienen. —

Gebt nun die vorzüglichsten Wirkungen, welche das Feuer auf die Körper äußert, an!

Sch. Es dehnt erstens die Körper aus; daher ein eiserner Draht länger wird, wenn man ihn glühend macht.

L. Kannst du (anderer Schüler) mir eine zweite Wirkung des Feuers angeben?

Sch. Mehre feste Körper werden durch selbiges flüssig, z. B. Wachs, Fett, Eis, Metall; andere verbrennen und werden in Asche verwandelt, z. B. Holz und dergl. mehr.

L. Gieb du eine dritte Wirkung des Feuers an!

Sch. Einige Körper verwandelt es, in Vereinigung mit andern Körpern, in Körper neuer Art, z. B. aus Sand, mit Potasche oder Salpeter vermischt, schmilzt man Glas; aus Thon, Quarz und Gyps, Porzellan.

L. Du, Erster, gieb noch die vierte Wirkung des Feuers an!

Sch. Es kocht flüssige Körper und verwandelt sie in aufsteigende Dämpfe, welche, wenn sie an kalte Körper kommen, sich als Tropfen anhängen.

L. Kocht man aber das Wasser in einem verschlossenen Gefäße, so können natürlich die Dämpfe nicht aufsteigen, wo sie dann aber, wegen der verhinderten Ausdehnung, eine ungeheure Gewalt bei fortwährender Siedhitze ausüben. Diese Kraft kann man recht deutlich an den sogenannten Dampfmaschinen sehen, welche seit einiger Zeit in England, Deutschland, Frankreich, und auch in Rußland, besonders aber in Nord-Amerika erbaut werden. Diese Maschinen bewegen mittels der, aus kochendem Wasser entwickelten Dämpfe ungeheure Lasten, und wirken mit einer Kraft, zu welcher sonst eine große Menge von Menschen und Pferden erforderlich war. — Du, Kleiner, was ist das Gegentheil von Wärme?

Sch. Kälte.

L. Kannst du mir auch sagen, warum uns im Winter die Luft, das Wasser und andere dichte Körper, als Metalle und Steine, erkälten?

Sch. Weil sie uns die in unserm Körper befindliche Wärme entziehen.

L. Kälte ist also Mangel an gewohnter Wärme. — Wie wirken aber Wärme und Kälte auf die Körper?

Sch. Sehr verschieden. Durch die Wärme werden alle Körper, sowohl flüssige als feste, ausgedehnt, durch die Kälte aber zusammengezogen.

L. Weißt du aus dem frühern Unterrichte noch einige Beispiele anzuführen, die das Ebengesagte beweisen?

Sch. O ja; eine mit Luft angefüllte Schweinsblase wird über einem warmen Ofen größer.

L. Wie geht dies aber zu?

Sch. Die Wärme dehnt die in der Blase befindliche Luft und somit auch die Blase selbst aus.

L. Bringt man aber die durch Wärme ausgedehnte Blase in die Kälte, was geht dann mit ihr vor?

Sch. Sie fällt merklich zusammen, weil die Kälte die Luft zusammenzieht und dichter macht.

L. Richtig. Gieb nun noch mehre Beispiele an.

Sch. Wasser dehnt sich durch die Erwärmung so sehr aus, daß eine Kugel von Wachs darin untergeht; da sie doch auf kaltem Wasser schwimmt. Eine Flintenkugel, welche in den Lauf paßt, fällt nicht hinein, wenn man sie erhitzt.

L. Woher kommt es, daß oft Pendeluhren im Winter vorgehen, im Sommer aber zurückbleiben?

Sch. Daher, weil in heißen Sommertagen sich die metallne Stange des Perpendikels ausdehnt, und durch dieses Längerwerden auch langsamer schwingt; hingegen in den kalten Wintertagen zieht sie sich zusammen, wird also kürzer und schwingt schneller.

L. Was pflegt zu geschehen, wenn man einen zerbrechlichen Körper, z. B. Glas, Porzellan und dergl. schnell erwärmt, oder wenn er, nach und nach erwärmt, plötzlich in die Kälte gebracht wird?

Sch. Er pflegt zu zerspringen.

L. Woher kommt dies?

Sch. Daher, weil im ersten Falle die Theile dieser Körper auf einmal zu stark ausgedehnt, im andern Falle aber zu stark zusammengezogen werden.

L. Manche Körper ziehen sich aber auch in der Wärme zusammen, z. B. nasses Holz, Thon, Mehlteig und dergl. Dies kommt daher, weil die in ihren Zwischenräumen befindlichen Wassertheilchen in der Wärme verdunsten, und dadurch die Zwischenräume kleiner werden. Andere Körper hingegen scheinen in der Kälte sich auszudehnen, z. B. Wasser, das sich in Eis verwandelt. So z. B. zerspringt im Winter ein mit Wasser (ganz oder nur zum Theil) gefülltes Gefäß, welches man dem starken Froste aussetzt. Ja, selbst Flintenläufe und Bomben bersten, in denen Wasser gefriert. Wie ist denn diese Erscheinung zu erklären? — Wenn die Kälte des Winters dem Wasser die Wärme entzieht und macht, daß es nach und nach zu Eis gefriert, so nimmt es ein strahliges Gefüge an, wie ihr es an gefrornen Fenstern bemerken könnt. Da nun, wie ihr schon wisset, im Wasser auch Luft ist, so zieht sich diese beim Gefrieren des Wassers in Blasen zusammen, und wo diese sind, kann kein Eis entstehen. Die kleinen Eisnadeln brauchen daher auch einen größern Raum — obgleich jede einzelne derselben einen kleinern Raum einnimmt, als das Wasser, woraus sie entstanden ist — weil ihre Zwischenräume mit

Luft angefüllt sind. Aus dieser Ursache läßt sich auch erklären, warum das Eis auf dem Wasser schwimmt. — Die Erfahrung lehrt aber auch, daß süßes Wasser leichter gefriert, als Salzwasser, Säuren und geistige Getränke. Bei letzteren gefrieren zuweilen die wässerigten Theile, wodurch die zurückbleibende Flüssigkeit ein weit stärkeres Getränk wird; auch sondert sich beim Gefrieren das Salz ab und sinkt zu Boden, so daß geschmolzenes Meereis ein reines trinkbares Wasser giebt. — In den nördlichern Ländern ist es viel kälter, als bei uns. Dort ist daher das Eis nicht nur viel dicker, sondern oft auch so fest, daß man es kaum mit dem Hammer zerschlagen kann. Das Haus, welches die russische Kaiserinn Anna in dem kalten Winter 1740 zu St. Petersburg aus dem Eise der Neva bauen ließ, war 52½ Fuß lang, etwas über 16 Fuß breit, und 20 Fuß hoch. Sechs Kanonen und zwei Mörser wurden ebenfalls, so wie ihre Lavetten und Räder, aus Eis gefertigt, und sogar mit Pulver und Hanfkugeln daraus geschossen, ohne daß sie zersprangen. — In den Meeren der kalten Zone hat man schon Eisstücke gesehen, welche mehre Meilen lang und 100 Fuß hoch aus dem Wasser hervorragten. Diese mögen daher wohl 800 bis 1000 Fuß dick gewesen sein. —

Wer von euch größeren Schülern weiß noch, wie man es macht, daß das Wasser in einer warmen Stube zu Eis wird?

Sch. Ich. Thut man Wasser in eine Glasröhre mit dünnen Wänden, etwa von der Weite, daß man einen Finger hineinhalten kann, steckt dann einen Draht hinein und umgiebt die Außenfläche der Röhre mit Leinwand, welche man mehre Male hintereinander mit Naphtha (Aether) befeuchtet; so wird das Wasser bald zu Eis, besonders wenn man die Röhre in der Luft hin und her bewegt.

L. Das hast du gut gemerkt. Kannst du aber auch noch die Ursache davon angeben?

Sch. Das kommt daher, weil der Naphtha schneller verdunstet als das Wasser und dadurch dem Wasser so viel Wärmestoff entzieht, daß es zu Eis wird.

L. Man kann aber auch noch auf eine andere Art, selbst auf einem warmen Ofen, Wasser in Eis verwandeln. Man darf nur 3 Theile Schnee oder fein zerstoßenes Eis mit 2 Theile Küchensalz vermischen, und diese Mischung in einen Teller (gleichviel ob von Zinn, Thon oder Porzellan) schütten. In dieses Gemisch setzt man dann eine Schale mit kaltem Wasser, und bringt beide so zusammen auf einen warmen Ofen oder über glühende Kohlen. So wie nun der Schnee in dem untern Teller zu schmelzen anfängt, so wird auch das Wasser in dem obern Teller anfangen von unten auf zu gefrieren. — Wie läßt sich aber diese Erscheinung erklären?

Sch. Hier entzieht vermuthlich die Mischung von Schnee und Salz dem Wasser so viel Wärme, daß es gefriert.

L. Ganz recht. Auch ein Eiszapfen friert im warmen Zimmer an den Tisch, wenn man ihn am dicken Ende glatt schabt, mit Salpeter bestreut und an den Tisch hält. Gefrorne Aepfel, Kartoffeln u. s. w. thauen im kalten Wasser auf, während das Wasser um diese gefriert. Eben so eine Flasche Wein. Dies geht nämlich so zu: von dem gefrornen Weine, den Aepfeln, Kartoffeln — wird dem in der Nähe befindlichen Wasser so viel Wärme entzogen, daß es zu Eis wird; denn die Wärme des Wassers, welche das Eis schmilzt, kann nicht zugleich auch das Wasser in seiner Wärme erhalten und dieses muß daher gefrieren. Eben so läßt sich das Anfrieren des Eiszapfens an den Tisch erklären — wie nämlich?

Sch. Durch den auf den Eiszapfen gestreuten Salpeter entsteht eine Feuchtigkeit, welcher der Eiszapfen so viel Wärme entzieht, daß sie zu Eis wird, und somit an den Tisch friert.

L. Aus demselben Grunde friert ihr mehr beim Aufthauen des Schnees, als sonst bei einer viel größern Kälte, indem der an euern Stiefeln klebende Schnee, um zu schmelzen, euren Füßen Wärme entzieht. — Bei einigem Nachdenken wirst du mir nun auch sagen können, warum eine, auf einer gebogenen Spielkarte liegende Bleikugel, welche man über die Flammen eines Lichtes hält, schmilzt, ohne daß die Karte brennt.

Sch. Sie schmilzt darum, weil das Blei, um flüssig zu werden, alle Wärme an sich zieht, und daher keine Wärme übrig bleibt, um die Karte zu entzünden.

L. Eben so kann man Wasser, welches man in einen aus Papier gemachten Löffel füllt und über eine Lichtflamme hält, bis zum Sieden bringen, ohne daß das Papier brennt — wie geht dies zu?

Sch. Weil das Wasser, um sieden zu können, ebenfalls alle Wärme an sich zieht.

L. Daher verbrennt ein Zwirnsfaden, welcher um ein mit Wasser gefülltes Glas fest gebunden ist, am Feuer nicht. Aus gleicher Ursache kann man auch in zinnernen

Gefäßen Wasser kochen, ohne daß sie schmelzen. — Die Erfahrung, daß sich die Körper in der Wärme ausdehnen und in der Kälte zusammenziehen, benutzte 1638 ein holländischer Landmann Cornelius Drebel, und erfand den Wärmemesser oder das Thermometer, wodurch sich der Grad der jedesmal vorhandenen Wärme oder Kälte genau bestimmen läßt. Es besteht aus einem engen Glasröhrchen, das überall gleich weit ist, und unten sich in eine hohle Kugel endigt, welche mit rothgefärbtem Weingeiste oder Quecksilber gefüllt, und oben, nachdem der Raum der Röhre luftleer gemacht wurde, zugeschmolzen ist. Taucht man die Kugel dieses Werkzeuges in schmelzendes Eis, so zieht sich die Flüssigkeit bis auf einen gewissen Punkt zurück, den man durch ein Zeichen an der Röhre bemerkt, und den Eispunkt oder Nullpunkt nennt. Dann taucht man die Kugel in kochendes Wasser, bemerkt ebenfalls den Punkt, bis zu welchem die Flüssigkeit gestiegen ist, durch ein Zeichen an der Röhre, und nennt ihn Siedepunkt. Darauf befestigt man die Röhre an einen Maßstab von Metall, Glas oder Holz, und bemerkt an diesem den Eis- und Siedpunkt, gerade da, wo sie an der Röhre bezeichnet sind. Den Raum zwischen den Eis- und Siedpunkt theilt man nun nach Reaumur in 80 gleiche Theile, die man Grade nennt, oder aber nach Fahrenheit in 180 Grade, wovon 32 Grade unter dem Eispunkt zu stehen kommen. Hängt nun das Instrument frei, und ist die Flüssigkeit nach Reaumur bis zum 29. Wärmegrade gestiegen, so sind dies nach Fahrenheit 97¼. Steht dagegen die Flüssigkeit nach Fahrenheit auf dem 32. Grade, so ist dieser nach Reaumur der 0. Grad, welche beide den Kältegrad anzeigen, wobei das Wasser zu gefrieren anfängt. — In Gewächshäusern, Bädern, Bierbrauereien, Branntweinbrennereien, Färbereien, Zuckerfabriken und überhaupt da, wo man eine gleichmäßige künstliche Wärme unterhalten will, werden die Thermometer mit großem Nutzen angewendet.

Nach dem, was wir bisher gehabt haben, wirst du mir nun auch sagen können, ob die Wärme nützlich ist?

Sch. Ja, sie ist wohl nützlich; ohne Wärme würde die ganze Natur erstarren, und nichts flüssig in ihr sein.

L. In der kalten Zone kann daher auch keine Pflanze gedeihen, und selbst der Mensch ist in dieser Zone an Geist und Körper beschränkt; dagegen findet man in der heißen Zone den üppigsten Pflanzenwuchs, so wie die größten und stärksten Thiere. — Ist aber auch das Feuer nützlich, da es so viele Verheerungen anrichten kann?

Sch. Deßhalb ist der Nutzen desselben doch weit größer, als der Schaden (den der Mensch durch Vorsicht sehr vermindern kann). Ohne dasselbe würden wir ja im Winter erfrieren müssen, würden nicht kochen, nicht backen, nicht braten und die meisten Getränke nicht zubereiten können.

L. Ja, ohne das Feuer würden wir auch die bei unsern Arbeiten so unentbehrlichen Werkzeuge nicht haben können, so wie ohne dasselbe die Metalle keinen Werth und keine Brauchbarkeit für uns haben würden.

Elfte Unterredung.

L. Du, Kleiner, wozu hat man Fenster in einer Stube?

Sch. Damit Licht herein komme.

L. Was thut denn das Licht?

Sch. Es macht, daß wir die Gegenstände um uns her mit den Augen wahrnehmen, sehen können.

L. Du, Erster, wie werden die Körper in Hinsicht des Lichtes eingetheilt?

Sch. In leuchtende und erleuchtete.

L. Welche Körper nennt man leuchtende?

Sch. Die ihr eigenes Licht haben.

L. Nenne einige solcher leuchtenden Körper!

Sch. Die Sonne und alle die andern Fixsterne, die Licht- und Feuerflammen, faules Holz, das Johanniswürmchen und einige andere Käfer, die Sternschnuppen, Irrlichter und dergl.

L. Auch der Phosphor gehört zu den leuchtenden Körpern. Man kann damit Buchstaben schreiben, die im Dunkeln hell leuchten. Davon machte schon Mancher einen gefährlichen Mißbrauch. So schrieb z. B. Jemand mit diesem Phosphor über das Bett eines Geizhalses folgende Worte: „Bestelle dein Haus, du mußt sterben,“ und verursachte dadurch dem Geizhalse solchen Schreck, daß er augenblicklich starb. Wie gut ist es doch, wenn man von dergleichen die Ursachen kennt, und so nicht davor zu erschrecken nöthig hat. — Wie nennt man solche Körper, die kein eigenes Licht haben, sondern nur mit einem erborgten

Lichte leuchten und zwar immer nur auf der Seite, wo das erborgte Licht hinfällt?

Sch. Dunkle oder erleuchtete Körper.

L. Nenne einige!

Sch. Die Erde und die übrigen Planeten, der Mond, und die meisten Gegenstände auf unserer Erde, Häuser, Bäume, Berge, Thiere u. s. w.

L. Wenn dunkle Körper von einem leuchtenden Körper erleuchtet werden, so bleibt auf der Seite, die von dem leuchtenden Körper abgekehrt ist, eine Stelle dunkel, welche dann die Gestalt des Körpers selbst hat — wie wird diese dunkle Stelle genannt?

Sch. Schatten.

L. Schatten ist also nichts anders, als ein theilweiser Mangel des Lichts. Jedoch müssen wir Schatten von dem völligen Mangel des Lichts, den wir Finsterniß nennen, unterscheiden. In der Nacht, wenn weder Sternen= noch Mondschein ist, haben wir Finsterniß. Wann werden dunkle Körper stärker, und wann schwächer erleuchtet?

Sch. Je näher ein dunkler Körper dem leuchtenden ist, desto mehr Lichtstrahlen kann er auffangen, und desto mehr wird er erleuchtet.

L. Gieb du (Anderer) den Gegensatz an!

Sch. Je weiter er aber entfernt ist, desto weniger Lichtstrahlen kann er auffangen, und desto schwächer wird er also auch erleuchtet.

L. Um aber einen Körper zu sehen, ist es da schon genug, daß er erleuchtet ist? — Könntest du z. B. die hier stehende Schultafel sehen, wenn ich dich hinter den Ofen stellte?

Sch. Nein, dann könnte ich sie nicht sehen.

L. Es ist also nicht genug, um Gegenstände zu sehen, daß sie erleuchtet sind, es muß auch Licht von denselben in unsere Augen fallen. Kannst du den dort stehenden Schulschrank sehen? und warum?

Sch. Ja, ich kann ihn sehen, weil Licht von demselben in meine Augen fällt.

L. Will ich aber einen Gegenstand sehen, so muß das Licht von demselben in gerader Linie in meine Augen fallen. Steht z. B. am Abende ein brennendes Licht auf diesem Tische, und ich habe den Rücken nach dem Lichte hingekehrt, so sehe ich wohl die Wand da, von welcher dann Licht (welches sie aber von dem brennenden Lichte empfängt) in gerader Linie in meine Augen fällt, aber nicht das brennende Licht selbst — wollte ich dieses sehen, was müßte ich dann thun? warum? — Man sagt daher von dem Lichte, daß es sich in gerader Linie nach allen Seiten hin fortpflanzt. Um sich davon zu überzeugen, lasse man einen Sonnenstrahl durch eine kleine Oeffnung in ein dunkles Zimmer fallen, und man wird gewahr werden, daß von der Oeffnung bis zum Fußboden des Zimmers in schräger Richtung eine Menge hinter einander liegender Staubtheilchen erleuchtet werden und jedesmal eine schnurgerade Linie bilden. Diese Linien nennt man Strahlen, Lichtstrahlen. — Warum nennt man das Licht eine feine Materie?

Sch. Weil es selbst durch das dichteste Glas dringt.

L. Die außerordentliche Feinheit der Lichtmaterie erkennt man auch aus folgendem Versuche: Sticht man mit einer feinen Nadel eine kleine Oeffnung in ein Papier und hält dasselbe vor das Auge, so wird man dadurch eine große Menge von Gegenständen, und zwar ohne Verwirrung oder Vermischung derselben, wahrnehmen; welches nicht geschehen könnte, wenn nicht viele Millionen Lichtstrahlen auf einmal durch diese kleine Oeffnung fallen würden. Wie uns unbegreiflich fein muß also jeder Lichtstrahl sein! — Diese Lichtmaterie ist aber nicht nur äußerst fein, sondern auch außerordentlich schnell — weißt du noch, wie viele Meilen sie in einer Sekunde zurücklegt?

Sch. 40,000 Meilen.

L. Das Sonnenlicht also braucht, um auf die Erde zu kommen, nur 8 Minuten $7\frac{1}{2}$ Sekunden. Das Licht übertrifft demnach die Geschwindigkeit des Schalles beinahe um 1 Millionmal. Es giebt fast nichts Schnelleres, als die Lichtbewegung — nur unsere Gedanken übertreffen hierin das Licht. — Was geschieht, wenn die Lichtstrahlen auf einen undurchsichtigen Körper fallen?

Sch. Die Lichtstrahlen werden wieder zurückgeworfen.

L. Sehe ich z. B. hier in diesen Spiegel, so sehe ich dich, obgleich du auf der andern Seite desselben bist, so gut als wenn ich dich geradezu ansehe, — wie geht das zu, da doch die Lichtstrahlen, wenn ich in den Spiegel sehe, nicht von dir in gerader Linie in meine Augen fallen?

Sch. Das kommt daher, weil die Lichtstrahlen, welche machen, daß Sie mich im Spiegel sehen, von mir gerade in den Spiegel fallen, und dieser sie wieder gerade zurückwirft.

L. Sehe ich dich aber im Spiegel selbst?

Sch. Nein, Sie können nur mein Bild im Spiegel sehen.

L. Also fällt von diesem Bilde doch Licht in gerader Linie in meine Augen, wie bei dem Echo der Schall. — Was könnten wir nicht haben, wenn die Lichtstrahlen nicht von undurchsichtigen Körpern zurückgeworfen würden?

Sch. Die verschieden geschliffenen Spiegel.

L. Wie erscheint uns das Bild eines Gegenstandes in einem Spiegel, dessen Fläche eben ist?

Sch. In dieser Spiegelart erscheint uns das Bild eines Gegenstandes so weit hinter dem Spiegel, als der Gegenstand von demselben entfernt, und so groß, als der Gegenstand selbst ist.

L. Wie erscheint uns das Bild eines Gegenstandes in einem Spiegel, dessen Fläche erhaben (convex) geschliffen ist?

Sch. Solche Spiegel zeigen das Bild eines Gegenstandes verkleinert und ganz nahe hinter der Spiegelfläche; jemehr aber die Oberfläche des Spiegels gekrümmt ist, desto kleiner und näher an derselben erscheint das Bild.

L. Wie zeigt sich uns aber das Bild eines Gegenstandes in einem Spiegel, dessen Fläche hohl (concav) geschliffen ist?

Sch. In dieser Art Spiegel erscheint das Bild des Gegenstandes in umgekehrter Stellung vor dem Spiegel in der Luft schwebend (weßhalb es auch Luftbild genannt wird), oder, wenn man den Gegenstand und die Augen ganz nahe an den Spiegel bringt, hinter dem Spiegel vergrößert und aufrecht.

L. Taschenspieler und sogenannte Geister-Citirer haben sich oft der Hohlspiegel, in Gegenwart leichtgläubiger Leute, denen sie vorgaukeln, daß sie die Geister ihrer Anverwandten aus dem Reiche der Todten hervorzurufen verständen, auf eine versteckte Weise bedient. — Was geschieht, wenn Lichtstrahlen in schiefer Richtung aus einer dünnen Materie in eine dichtere, oder umgekehrt, übergehen?

Sch. Dann werden die Lichtstrahlen gebrochen.

L. Das heißt?

Sch. Sie weichen von der geraden Richtung ab.

L. Weißt du ein Beispiel anzugeben, welches das Ebengesagte erläutert?

Sch. Hält man einen geraden Stock schräg ins Wasser, so scheint er auf der Oberfläche des Wassers gebrochen, und der Theil des Stockes, der im Wasser ist, scheint sich zu heben.

L. Wie geht das zu?

Sch. Das kommt daher, weil die Lichtstrahlen aus

Wasser, welches viel dichter ist, in Luft fallen, und so gegen seitwärts gebrochen werden.

L. Aus derselben Ursache sehen wir zuweilen Gegenstände an einer andern Stelle, als wo sie sich wirklich befinden. Nicht selten ist aber auch die Strahlenbrechung Ursache, daß wir Gegenstände sehen, welche wir ohne sie nicht wahrnehmen würden. Legt man z. B. ein Stück Geld in eine Schüssel, entfernt sich hierauf in gerader Stellung so weit davon, bis man es nicht mehr sieht, und läßt dann von einer andern Person klares Wasser in die Schüssel gießen; so erblickt man es auf einmal wieder, und es scheint, als wenn das Stück Geld mit dem ganzen Boden der Schüssel zugleich gehoben worden wäre. — Die Fische, Kieselsteine und andere im Wasser befindliche Körper scheinen der Oberfläche des Wassers näher zu sein, als sie wirklich sind. Zugleich sehen wir diese Körper an einer andern Stelle. Stoßen wir mit einem Stabe nach dieser Stelle hin, so treffen wir den Körper nicht. — Was gründet sich aber auf die Brechung der Lichtstrahlen?

Sch. Die verschieden geschliffenen Gläser, welche man gewöhnlich Glaslinsen nennt.

L. Was geschieht mit den Lichtstrahlen, welche auf ein hohles Linsenglas fallen?

Sch. Sie werden so gebrochen, daß sie hinter dem Glase sich von einander weiter entfernen.

L. Wie erscheint daher ein Gegenstand, durch ein hohles Linsenglas betrachtet?

Sch. Er erscheint hinter dem Glase um so mehr verkleinert, je vertiefter (concaver) die Oberfläche des Glases ist.

L. Was geschieht aber mit den Lichtstrahlen, welche auf ein erhabenes Linsenglas fallen?

Sch. Sie werden ebenfalls gebrochen, und zwar so, daß sie sich hinter dem Glase in einen Punkt vereinigen, oder wenigstens näher zusammentreten.

L. Wie wird dieser Punkt gewöhnlich genannt?

Sch. Der Brennpunkt.

L. Wie erscheint uns das Bild eines Gegenstandes, welches in dem Brennpunkte eines erhabenen Linsenglases gesehen wird?

Sch. Desto größer, je gewölbter die Oberfläche des Glases ist.

L. Warum nennt man die hohl geschliffenen Spiegel auch Brennspiegel, und die erhaben geschliffenen Linsengläser auch Brenngläser?

Sch. Weil beide, wenn sie gegen die Sonne gehalten werden, die in ihren Brennpunkt gehaltenen brennbaren Dinge anzünden und zum Brennen bringen.

L. Jede gewölbte Glaslinse ist also ein einfaches Vergrößerungsglas oder Mikroskop, welches man dazu braucht, um sehr kleine, dem Auge nahe liegende Dinge zu vergrößern. Sollen aber die Dinge, welche man betrachten will, stärker vergrößert werden, als es durch eine einfache, gewölbte Glaslinse möglich ist, so bedient man sich zweier oder mehrer solcher Glaslinsen, die man in einer Röhre hinter einander stellt. Solches Sehwerkzeug nennt man ein zusammengesetztes Mikroskop. Mit Hilfe dieser Vergrößerungsgläser oder Mikroskope entdeckt man im Tropfen aus einer Pfütze eine Welt von lebenden Geschöpfen; sieht man das einzelne Fäserchen des Leinwandfadens als flache Schnur, und in der einzelnen Faser der Baumwolle erkennt man ein scharfes Bändchen, das am Schnupftuche uns die Nase wund reibt. Das Stäubchen auf dem Schmetterlinge gleicht hier einem Schüppchen, und am kleinen Insekt findet man ein noch kleineres, das auf ihm lebt und sich von ihm nährt. Das Blut des Menschen erscheint uns hier als unzählige Kügelchen. — Die geschliffenen Gläser weiß man auch so mit einander in einer Röhre zu verbinden, daß sehr entfernte Gegenstände, die das Auge kaum oder gar nicht sieht, uns deutlich erscheinen. Man nennt diese Sehwerkzeuge Perspektive oder Fernröhre. Bringt man mit einem solchen auch Hohlspiegel in Verbindung, so bekommt man einen Spiegel-Teleskop. Seit Erfindung dieser Fernrohre sind die Menschen in der Himmelskunde sehr weit vorwärts geschritten. — Unser Auge ist auch mit einem erhaben geschliffenen Glase zu vergleichen — wie so das?

Sch. Weil die Lichtstrahlen, welche von einem Gegenstande auf das Auge fallen, durch die Hornhaut in die Pupille dringen und in der Kristall-Linse so gebrochen werden, daß sie sich auf der Netzhaut zu einem Bilde vereinigen.

L. Du, Kleiner, wie nennt man also die Fläche im menschlichen Auge, wo die Lichtstrahlen sich vereinigen müssen, wenn wir den Gegenstand sehen sollen?

Sch. Netzhaut.

L. Je erhabener der Vordertheil des Auges ist, desto früher, und je flacher, desto später geschieht die Vereinigung der Lichtstrahlen. In beiden Fällen ist das Auge fehlerhaft; denn im ersten Falle sieht der Mensch nahe Gegenstände am deutlichsten, weil das Bild derselben nur zwischen die Kristall-Linse und die Netzhaut fällt, man sagt dann: der Mensch ist kurzsichtig; im letzten Falle aber sieht der Mensch entferntere Gegenstände deutlicher, als die in der Nähe befindlichen, weil das Bild davon hinter die Netzhaut fällt, man sagt dann: der Mensch ist weitsichtig. Doch wissen die Menschen auch diese Gesichtsmängel durch Gläser abzuhelfen. Der erhabenen Gläser, welche verursachen, daß sich die Lichtstrahlen früher vereinigen, bedient sich der Weitsichtige, um damit das Bild des nahen Gegenstandes, welches ihm hinter die Netzhaut fällt, auf dieselbe zu bringen. Dagegen bedient sich der Kurzsichtige mit großem Nutzen der hohl geschliffenen Gläser, welche die Lichtstrahlen zerstreuen, und dadurch verursachen, daß das Bild des entfernten Gegenstandes, welches ihm sonst vor die Netzhaut fällt, auf die Netzhaut kommt. Diese Rücksichten werden bei der Einrichtung der Brillen genommen. Kannst du mir nun sagen, welche Brillen sind die besten für die Kurz- und welche für die Weitsichtigen? und warum? — Wer seine Augen gesund erhalten will, beobachte folgende wichtige Regeln: Man hüte sich vor plötzlichem Uebergang aus der Dunkelheit in's Licht, und umgekehrt. Auch hefte man seine Augen nie lange auf hellglänzende, das Auge angreifende Dinge, zumal des Morgens nach dem Erwachen. Man sehe nie dem Blitzen zu, besonders nicht im Dunkeln, wodurch schon Menschen blind geworden sind; auch sehe man nicht in die Sonne. Ferner halte man sich nicht viel im Rauche auf, und sehe nicht zu lange in's Feuer oder auf weißes Papier, Schnee und weiße Mauern und Wände, wenn solche von der Sonne beschienen werden. Will man schreiben, so wähle man das Licht von der linken Seite, damit nicht die rechte Hand die Stelle, wo man sehen will, dunkler als die übrigen mache. Nie lese oder schreibe man in der Dämmerung oder gar beim Mondscheine, und halte die Augen nicht zu dicht auf die Gegenstände. Wer bereits schwache Augen hat, der lese, schreibe oder sticke nicht am Abend beim Talg- oder anderem künstlichen Lichte, sondern nur beim Tageslichte, und lasse dabei die Augen öfter ruhen. Auch benutze man die Brillen und Theater-Perspective so wenig als möglich. Eine wahre Stärkung für die Augen ist es, wenn man oft in freier Luft, auf grüne Wiesen, Wälder u. dergl. sehen kann. Gut ist auch das Waschen der Augen mit reinem frischen Wasser, nur dürfen sie nicht erhitzt sein. (Wiederholung.) — Nun weiter! Was gründet sich ferner auf die Brechung und Zurückwerfung der Lichtstrahlen?

Sch. Die Farben.

L. Worunter aber nicht der Stoff, womit gefärbt wird, sondern das Licht selbst zu verstehen ist. — Weißt du auch noch, wie diese Farben entstehen?

Sch. Sie entstehen, wenn die Lichtstrahlen in einem durchsichtigen Körper gebrochen werden.

L. Aus wie vielen Farben besteht jeder Sonnenstrahl?

Sch. Aus sieben verschiedenen Farben.

L. Als was werden diese sieben Farben des Lichtes angenommen?

Sch. Als Grundfarben.

L. Woraus kann man aber sehen, daß jeder Lichtstrahl aus sieben farbigen Strahlen besteht?

Sch. Dies kann man sehen, wenn die Sonne auf ein mit Wasser gefülltes Glas scheint, und ihre Strahlen schräg von oben durch die Kante des Wassers und das Glas dringen läßt; ferner an Thautropfen, an Diamanten, kristallnen Kronleuchtern u. s. w. zeigt sich dieselbe Erscheinung.

L. Noch besser sieht man diese Farben durch ein dreiseitig geschliffenes Glas, Prisma genannt. Hält man dieses Prisma so, daß ein Sonnenstrahl, der durch eine kleine Oeffnung des Fensterladens in ein verdunkeltes Zimmer fällt, auf das Prisma trifft, so sieht man an der gegenüber stehenden weißen Wand, oder an einem vorgehaltenen weißen Papiere, ein längliches Farbenbild, welches aus folgenden sieben etwas in einander fließenden Farben besteht, die von unten nach oben also auf einander folgen: roth, orange oder dunkelgelb, hellgelb, grün, hellblau, dunkelblau, violett. Läßt man aber diese sieben Farbenstrahlen durch ein Brennglas fallen, so vereinigen sie sich hinter demselben wieder zu dem vollen weißen Sonnenstrahl, so wie er auf das Prisma gefallen ist. Wird dagegen nur ein einzelner Farbenstrahl, z. B. der rothe, mit einem zweiten Prisma aufgefangen, und also noch einmal gebrochen, so bleibt dieser dennoch roth. — Du Erster, wirst mir noch sagen können, woher die verschiedenen Farben kommen, in welchen uns die Gegenstände erscheinen?

Sch. Das kommt daher, weil die Gegenstände diese

oder jene Farben der Lichtstrahlen in sich aufnehmen oder verschlucken, die andern aber zurückwerfen.

L. Wann erscheint uns ein Körper roth, gelb u. s. w.?

Sch. Ein Körper erscheint uns roth, wenn er nur die rothe Farbe zurückwirft, und die sechs andern Hauptfarben verschluckt; wirft er bloß die gelbe Farbe zurück, so erscheint er uns gelb u. s. w.

L. Du, Kleiner, warum erscheint uns dein Rock blau?

Sch. Weil er nur die blaue Farbe zurückwirft und die andern sechs Hauptfarben verschluckt.

L. Wie erscheint uns aber ein solcher Körper, der alle Farben zurückwirft?

Sch. Der erscheint uns weiß.

L. Du, Kleiner, warum erscheint uns also der Schnee weiß?

Sch. Weil von ihm alle Farben zurückgeworfen werden.

L. Nun wirst du mir auch sagen können, warum Früchte, z. B. des Weinstocks, wenn dieser an einer weißen Wand steht, früher reifen als andere?

Sch. Weil die weiße Wand keine Strahlen des Sonnenlichts verschluckt, sondern sie alle auf die Früchte zurückwirft.

L. Nimmt aber ein Körper alle Farben in sich auf — wie erscheint er uns dann?

Sch. Schwarz.

L. Kannst du, Kleiner, mir nun die Ursache sagen, warum man in schwarzen Kleidern die Sonnenhitze stärker empfindet, als in andern?

Sch. Das kommt daher, weil die schwarze Farbe alle Strahlen der Sonne verschluckt und keine zurückwirft.

L. Nun seht, aus demselben Grunde könnt ihr mit einem Brennglase den schwarzen Punkt einer Spielkarte schnell durchbrennen, welches euch bei den weißen Stellen nicht möglich sein wird. — Du, Erster, wann hat aber ein Körper eine dunkle, und wann eine schillernde Farbe?

Sch. Wenn von einem Körper sehr viele Lichtstrahlen verschluckt werden, so hat er eine dunkle, und wenn er zwei oder mehre Farben zugleich zurückwirft, eine schillernde Farbe.

L. So schillern z. B. die Federn des Kolibri, des Pfauen, die Hälse der Tauben und Enten und mancher andern Vögel, auch viele Käfer und Schmetterlinge; ferner allerlei Mineralien und andere Dinge. — Gieb auch noch an, wie alle die andern Farben entstehen.

Sch. Diese entstehen aus der Vermischung der erwähnten Grundfarben. So geben Roth und Grün ein Pomeranzengelb.

L. Was muß man aber thun, wenn ein Körper von seiner Oberfläche andere Strahlen zurückwerfen soll, als er vorher zurückgeworfen hat?

Sch. Man muß denselben anstreichen, malen oder färben, d. h. seine Farbe durch einen andern Färbestoff verändern lassen, damit gerade diese (etwa die blauen) Lichtstrahlen zurückgeworfen, und die andern verschluckt werden.

L. Was entsteht aus der Verbindung des Lichtstoffes mit dem Wärmestoffe?

Sch. Das Feuer.

L. Ganz recht. Doch ohne diese Verbindung sind Wärmestoff und Lichtstoff als verschieden zu betrachten. Denn manche Körper wärmen ohne zu leuchten, z. B. ein eingeheizter Ofen, und manche leuchten, ohne zu wärmen, wie das Johanniswürmchen u. dergl. m.

Zwölfte Unterredung.

L. Ist die Luft immer von gleicher Beschaffenheit, oder verändert sie sich oft?

Sch. Sie verändert sich oft.

L. Wie nennt man große merkliche Veränderungen der Luft?

Sch. Lufterscheinungen.

L. Was versteht man also unter Lufterscheinungen?

Sch. Jede merkliche Veränderung, welche sich in der Luft ereignet.

L. Kannst du mir einige Lufterscheinungen nennen?

Sch. Winde, Nebel, Wolken, Regen, Regenbogen, Blitz, Thau, Reif, Schnee, Sternschnuppen, Feuerkugeln, Irrlichter, Nordlichter u. dgl. m.

L. Wer von euch Kleinen kann die eben angegebenen Lufterscheinungen wiederhohlen?

Sch. Ich (Es geschieht).

L. Du, Erster, weißt du auch noch, wie diese Lufterscheinungen eingetheilt werden?

Sch. Ja. 1) In Winde, 2) wässerige, 3) feurige, und 4) glänzende Erscheinungen.

L. Von allen diesen sollt ihr nun etwas Mehres hören!! Denn es ist nicht genug, zu wissen: das ist, das geschieht, nein, der nachdenkende Mensch wünscht auch darüber belehrt zu werden, auf welche Weise dies oder jenes geschieht. Seid daher recht aufmerksam, damit eure Erkenntniß von der in allen natürlichen Dingen waltenden göttlichen Allmacht immer mehr und mehr wachse, und ihr durch diese Erscheinungen euch fleißig hingezogen fühlet, sowohl dieselben, wie auch die Weisheit und Güte Gottes zu bewundern.

Wer weiß aus dem frühern Unterrichte mir die Frage: was ist der Wind? zu beantworten?

Sch. Der Wind ist eine fühlbare Bewegung der Luft.

L. Woher entsteht aber diese Bewegung oder dieser Zug der Luft?

Sch. Durch die Aufhebung des Gleichgewichts der Luft.

L. Das hast du wörtlich gut behalten; weißt du aber auch noch anzugeben, was dieser Ausdruck sagen will?

Sch. O ja. Wenn die Luft in einer Gegend durch Wärme verdünnt und in der benachbarten Gegend durch Kälte (oder weniger Wärme) verdichtet ist; so strömt die dichtere in die dünnere hinein, und dadurch entsteht der Wind.

L. Richtig. Wie lange dauert denn aber das Einströmen der dichtern Luft in die dünnere?

Sch. So lange, bis sie an dem einen Orte so dicht ist, als an dem andern.

L. Ganz recht. Uebrigens ist jeder Luftzug ein kleiner Wind. Wann wird uns solcher selbst in einem Zimmer fühlbar?

Sch. Wenn es draußen kälter ist, und man in einer warmen Stube das Fenster öffnet. Eben so erhebt sich immer bei einer Feuersbrunst ein Wind, wenn auch vorher die größte Windstille herrschte.

L. Wie geht denn das zu?

Sch. Das Feuer erwärmt und dehnt nicht nur die Luft aus, sondern macht auch, daß sie dadurch leichter in die Höhe steigt, während an ihre Stelle die an der Seite befindliche dichtere Luft einströmt.

L. Deßhalb kann man auch behaupten, daß der Wind nicht da entstanden ist, woher er bläst, sondern wohin er geht. — Merkt euch aber auch, daß durch den Druck der Wolken, durch aufsteigende Dünste und dergl. m. das Gleichgewicht der Luft aufgehoben und also Wind verursacht werden kann. — Wornach werden die Winde in Hinsicht der Gegenden, woher sie kommen, eingetheilt?

Sch. Nach den vier Weltgegenden.

L. Du, Kleiner, wie heißen doch diese?

Sch. Morgen, Mittag, Abend, Mitternacht, oder: Ost, Süd, West, Nord.

L. Es giebt also vier Hauptwinde — nämlich?

Sch. Ost=, Süd=, West= und Nordwinde.

L. Aber wie heißen denn diese Winde, welche aus einer Zwischengegend herwehen?

Sch. Südwest=, Nordwest=, Südost=, und Nordostwinde.

L. Gut. Die Schiffer, welche die Winde sehr genau beobachten müssen, theilen diese noch weiter ein, so daß sie wohl 32 Winde zählen, und sprechen daher z. B. Westnordwest, Nordnordost u. s. w. Aber wodurch kann ein Schiffer auf dem großen Weltmeere in dunkler Nacht wissen, wo alle Weltgegenden sind?

Sch. Durch den Kompaß.

L. Da ich euch bis jetzt noch keine weitere Erklärung über den Kompaß gegeben habe, so will ich es jetzt thun. In den Eisenbergwerken findet man einen braunschwarzen Stein, welcher die sonderbare Eigenschaft hat, Eisen und eisenhaltige Körper von selbst anzuziehen; dieser heißt — wer weiß es?

Sch. Ach, das ist der Magnet, welcher Nadeln, die man in seine Nähe bringt, anzieht.

L. Ganz recht. Aber auch durch jeden Körper (Eisen ausgenommen) wirkt die magnetische Kraft hindurch. Streicht man z. B. mit einem Magnet unter einem Papier oder Tische oder Glas, auf welchem Eisenfeilspäne liegen, so stellen sich diese Späne aufrecht und bewegen sich auf dem Papiere oder Tische oder Glase. — Wenn man Eisen mit einem Magnet bestreicht (das nennt man magnetisirt), so wird ihm die anziehende Kraft des Magnets, welche magnetische Kraft heißt, mitgetheilt. Wird z. B. ein Messer nur einige Mal damit bestrichen, so zieht es Nähnadeln an. Ein solches magnetisirtes Eisen heißt dann ein künstlicher Magnet zur Unterscheidung von dem durch die Natur so gewordenen, oder dem natürlichen Magnet. Jeder Magnet (der künstliche sowohl als der natürliche) hat auch noch die unerklärbare Eigenschaft an sich, daß er, wenn er sich frei und ungehindert herumdrehen kann, z. B. an einem Faden hängend, oder auf einem Brettchen im Wasser schwimmend, immer mit dem einen Ende nach Norden und mit dem andern nach Süden zeigt. Diese beiden Enden nun heißen die Pole des Magnets, von denen der nach Norden zugewendete der Nordpol, und der entgegengesetzte der Südpol heißt. Zwei Magnete ziehen sich nur dann einander an, wenn man den Nordpol des einen an den Südpol des andern bringt; gleichnamige Pole aber, also Südpol an Südpol, und Nordpol an Nordpol, ziehen sich nicht an, sondern stoßen einander ab. Daher nennt man auch die gleichnamigen die feindschaftlichen, und die ungleichnamigen freundschaftliche Pole. Auf dieser anziehenden und abstoßenden Kraft des Magnets beruhen allerlei Spielereien, z. B. die magnetischen Schwäne, welche einem Stabe nachschwimmen, und vor dem andern Ende desselben fliehen; die magnetische Fischerei u. dergl. mehr. Man kann das Tragvermögen des Magnets allmählich bedeutend vergrößern, wenn man mit einem solchen eine kleine Eisenstange in Berührung bringt, die in der Mitte der untern Fläche mit einem Haken versehen ist, an den man eine Wagschale hängt und von Tag zu Tag einige Bleischrote hineinlegt. Es giebt Beispiele, daß auf solche Art bewaffnete Magnete 60 bis 100, ja 200 Mal mehr tragen, als ihr eigenes Gewicht schwer ist. — Die magnetische Kraft geht aber nach und nach, oder schnell ganz verloren, durch Rosten, Glühen, Schlagen auf Steinen mit Steinen, und durch öfteres Fallenlassen. Auch muß ich euch auf folgende Eigenheit des Magnets aufmerksam machen. Wenn ein blankes Eisen mit dem Nordpol eines Magnets bestrichen wird (von der Mitte aus nach dem einen Ende und noch einige Zoll über dasselbe weg) und das andere mit dem Südpole (eben so oft von der Mitte aus über das Ende hin), so werden die Pole des Eisens entgegengesetzt, nämlich das mit dem Nordpol bestrichene Ende wird zum Südpole, und das mit dem Südpole bestrichene zum Nordpole. Das Warum über diese Erscheinung weiß man noch nicht*). Eine stählerne, mit Magnet bestrichene Nadel, deren Mitte auf einer feinen

*) Nach einigen Naturforschern soll der Magnetismus im Eisen und Stahl ursprünglich, aber im gebundenen Zustande vorhanden sein, weßhalb bei einer jeden Magnetisirung der Magnet nur als Erreger der schlummernden Kraft angesehen werden könne. Doch läßt sich dies eben so wenig mit Gewißheit behaupten, als daß es nur eine einzige magnetische Materie, wie der Naturforscher Aepinus annahm, oder daß es nach der Annahme eines Wilke und Brugmann zwei derselben gäbe.

messingenen oder stählernen Spitze ruht, um sich frei herumdrehen zu können, nennt man Magnetnadel. Ist diese in einer runden Kapsel befindlich, auf deren Boden ein Kreis in 360 gleiche Theile oder Grade getheilt ist, so wird sie Kompaß genannt, welchen ein Italiener Flavio Gioja im Anfange des 14ten Jahrhunderts erfunden haben soll. Da diese Magnetnadel, wie jeder Magnet, mit einem Pole gegen Norden, und mit dem andern gegen Süden zeigt, so gewährt sie durch diese Eigenschaft den Schiffern unbeschreiblichen Nutzen; weil diese nur durch sie den richtigen Weg auf dem Meere finden. Der im Kompaß auf genannte Art gezeichnete Kreis heißt Windrose, weil die Schiffer darnach genau wissen und bestimmen können, woher der Wind wehet. — Auf Landreisen wird ebenfalls, wenn man genau weiß, nach welcher Himmelsgegend der Ort liegt, wohin man will, der Kompaß mit großem Nutzen gebraucht. Auch kann man sich zu jeder Jahreszeit, zur sternhellen Nachtzeit in die Himmelsgegenden finden, wenn man weiß, wo das Gestirn, der große Bär genannt, am Himmel steht. Wenden wir uns mit dem Angesichte nach diesem Sternbilde hin, so haben wir vor uns Norden, Osten zur Rechten, Westen zur Linken und Süden hinter uns. — Um sich aus unbekannten Wäldern zu finden, muß man auf das Moos an den Bäumen achten. Diejenige Seite eines Waldbaumes, woran das meiste Moos wächst — besonders gegen die Wurzel hin — ist nach Norden gekehrt, ist die Nordseite. Dieses Merkmal wird in Wäldern immer zurecht führen. Die alten Deutschen fanden sich auf diese Weise in den Wäldern zurecht, und noch jetzt müssen auf dieselbe Weise sich Jäger und Forstleute, wenn sie in dichten Wildnissen sind, auf den rechten Weg finden.

Sch. Aber wie geht denn das zu, daß das Moos auf der Nordseite des Baumes stärker wächst als auf der Südseite?

L. Die Ursache davon ist diese: Auf der Südseite des Baumes, wo die Einwirkung der Sonnenwärme stärker ist, steigen auch die Säfte im Baume rascher auf und lassen daher fremdartige Stoffe auf der Oberfläche so leicht nicht keimen; hingegen auf der Nordseite, wo die rauhen Nord- und Ostwinde das Pflanzenleben im Baume hemmen, schlagen leicht Moose auf der Rinde, wo sie sich ungestörter ausbreiten können, Wurzel. Ueberhaupt gedeihen die Moose im Schatten und in der Kälte immer besser als in der Wärme. — Wer aufmerksam gewesen ist, wird gewiß auf keine der folgenden Fragen eine Antwort schuldig bleiben: Was ist ein Magnet? — Wie kann man die erste Eigenschaft des Magnets wahrnehmen? — Wie kann man aber andere eisenhaltige Körper magnetisch machen? — Wodurch unterscheidet sich ein künstlicher Magnet von einem natürlichen? — Was versteht man unter Pole des Magnets? — Wie heißt der Pol, welcher sich immer nach Norden wendet? — wie der entgegengesetzte? — Warum? — Wann ziehen sich zwei Magnete nur einander an? — Wodurch kann man die Kraft eines Magnets sehr verstärken? — Wodurch geht aber die magnetische Kraft ganz verloren? — Was ist eine Magnetnadel? — Wann wird diese Kompaß genannt? — Von wem wird dieser vorzüglich gebraucht? — Warum? — Was versteht man unter Windrose? — Warum nennt man sie so? — Wie kann man sich überall auf dem Lande zurecht finden?

Nun weiter! Wie werden die Winde in Hinsicht der Beschaffenheit der bewegten Luft eingetheilt?

Sch. In warme und kalte; in trockne und feuchte.

L. Wovon hängt aber die Beschaffenheit der Winde, ob sie warm, kalt, trocken oder feucht sind, ab?

Sch. Dies hängt von der Beschaffenheit der Gegenden ab, aus welchen sie wehen.

L. Warum ist der Nordwind kalt und der Südwind warm?

Sch. Der Nordwind ist kalt, weil er über die in den nördlichen Gegenden der Erde befindlichen Eismeere und Eisberge weggeht, und die dort empfangene Kälte uns zuführt. — Der Südwind ist warm, weil er aus heißen Gegenden herweht.

L. Warum ist der Ostwind trocken und der Westwind feucht?

Sch. Der Ostwind ist trocken, weil er von Asien her und über einen großen Theil Europa's, also meistens über trockene, hochliegende Länder zu uns kommt, und daher keine Gelegenheit hat, Wasserdunst aufzunehmen. — Der Westwind ist feucht, weil er vom atlantischen Meere kommt, und daher viele wässerige Dünste und Wolken mit sich führt.

L. Der Südwind ist, so wie der Westwind, für unsere Gegend meistens Regen bringend, weil er ebenfalls mehr vom Meere als vom Lande zu uns kommt. — Wie werden aber die Winde nach der Zeit ihres Eintritts eingetheilt?

Sch. In regelmäßige und unregelmäßige.

L. Was sind regelmäßige Winde?

Sch. Solche Winde, die jedes Jahr und an gewissen Orten regelmäßig wiederkommen.

L. So weht zwischen den Wendekreisen das ganze Jahr hindurch in derselben Richtung ein beständiger Ostwind, den man Passatwind nennt, und welcher von den Seefahrern auf ihren Reisen nach Amerika benutzt wird. Im indischen Meere weht vom October bis zum April der Nordostwind, und vom April bis zum October der Südwestwind. Diese regelmäßig wechselnden Winde werden Moussons genannt. — Zu den regelmäßigen Winden gehören auch die täglichen Land- und Seewinde. An den Meeresküsten, besonders an den Küsten kleiner Inseln, strömt nämlich in der Nacht die Luft vom Lande nach dem Meere (Landwind), und am Tage vom Meere nach dem Lande (Seewind). Dies erklärt sich leicht. Weil am Tage die Luft über einer Insel oder einer Küste eher und stärker erwärmt wird, als das benachbarte Meer; so steigt die erwärmte Luft in die Höhe, und es entsteht ein Zuströmen der kältern Luft vom Meere her, um die aufgestiegene zu ersetzen. In der Nacht, in welcher immer das Land eher erkaltet als das Wasser, findet aber das Gegentheil Statt; weil alsdann die Luft über dem Meere wärmer ist, als über dem Lande. — Was sind unregelmäßige Winde?

Sch. Solche Winde, welche, wie bei uns, nach keiner bestimmten Zeit erfolgen, und keine bestimmte Richtung haben, sondern bald aus dieser, bald aus jener Himmelsgegend herwehen.

L. Wie werden die Winde in Hinsicht ihrer Stärke und Schnelligkeit eingetheilt?

Sch. In gewöhnliche Winde, Sturmwinde, Orkane und Wirbelwinde.

L. Was versteht man unter gewöhnliche Winde?

Sch. Solche, welche keinen Schaden anrichten, sondern nothwendig und nützlich sind.

L. Wie viel Fuß weit weht ein solcher Wind in einer Sekunde?

Sch. 12 bis 15 Fuß weit.

L. Was nennt man einen Sturmwind?

Sch. Einen heftigen Wind.

L. Wie viel Fuß weit weht dieser in einer Sekunde?

Sch. 40 bis 60 Fuß.

L. **Was nennt man Orkan?**

Sch. Einen sehr heftigen Sturmwind.

L. Wie viel Fuß weit weht dieser in einer Sekunde?

Sch. 100 bis 120 Fuß.

L. Sturmwinde und Orkane entstehen gewöhnlich im Frühlinge und in den letzten Wochen des Herbstes, weil in diesen Jahreszeiten die Luft am meisten von ungesunden Dünsten überladen ist. Oft haben sie eine solche Gewalt, daß sie die stärksten Bäume entwurzeln, Dächer abdecken, ja sogar Häuser und Thürme umwerfen; besonders gefährlich sind sie für die Seefahrer, deren Schiffe sie oft an Felsen zerschmettern und in den Abgrund stürzen. — Was nennt man Wirbelwind?

Sch. Zwei aus entgegengesetzten Himmelsgegenden herwehende Winde, welche zusammenstoßen.

L. Diese Wirbelwinde sind fast noch gefährlicher als die Orkane. Sie haben eine ungeheure Kraft, treiben Alles, was ihnen entgegen kommt, im Kreise herum, bewegen sich so fort, und nehmen nicht selten Bäume, Häuser, sogar Menschen mit in die Höhe und zertrümmern sie. Gewöhnlich entstehen sie bei Gewittern. Erzeugt sich ein solcher Wirbelwind auf dem Meere, so sieht man oft eine wirbelnde trichterförmige Wassersäule (Wasserhose genannt) gegen die Wolken hinaufsteigen. Das Schiff, welches von ihr gefaßt wird, ist verloren. Daher pflegen die Schiffsleute mit Kanonen auf solche Wasserhosen zu schießen, um sie zu zerstreuen. — In den heißen Gegenden Europa's, Asiens, Afrika's wehen Winde, welche höchst gefährlich sind. Der Sirocco, Chamsin, der Harmattan und der Samum z. B. sind heiße Winde, welche meistens auf der Stelle tödten; glücklicher Weise kennt man aber die Zeit, wenn sie wehen, und kann sich gegen sie schützen. Aus den glühenden Sandwüsten Afrika's kommt übers mittelländische Meer der ermattende Südwind, welcher Sirocco heißt, nach Italien und Sizilien, ja oft bis in die Schweiz. Die Luft, welche er durchfährt, wird so erstickend heiß, daß in ihr Talg zerschmilzt und Gras und andere Pflanzen verdorren. Menschen und Thiere fliehen in ihre Wohnungen. Zum Glück hält er selten länger als zwei Tage an. — Der Chamsin, welcher auch aus den heißen Sandwüsten des innern Afrika's kommt, ist ähnlich dem Sirocco, nur noch viel heißer und zuweilen tödtlich. Er trübt die Luft und weht in Aegypten, Arabien und Persien. — Der Harmattan, ein äußerst trockner Ostwind, welcher ebenfalls aus dem

Innern des heißen Afrika's kommt, weht an der Westküste Afrika's, besonders in den Gegenden am Senegal und in Guinea. Er trübt die Luft so sehr, daß man während seines Wehens oft nicht zwanzig Schritte weit sehen kann. Setzt man sich ihm aus, so werden Augen, Mund und Gaumen sehr bald trocken, und in 7 Tagen schält sich die feine Haut von den Händen und andern Theilen; das Gras welkt und wird dürr wie Heu, die Blätter der Bäume schrumpfen so zusammen, daß man sie, wenn der Wind 10 Tage anhält, zwischen den Fingern zu Staub reiben kann. Gewöhnlich dauert dieser Wind 3 bis 5, höchstens 12 Tage. Indeß ist dieser Wind durch seine Alles austrocknende Hitze für Guinea und die angrenzenden Länder eine große Wohlthat. Während der 4 bis 5 Monate langen Regenzeit, welche dort die Stelle des Winters vertritt, entstehen verpestende Sümpfe, die Faulfieber und andere bösartige Krankheiten veranlassen. Durch den Harmattan werden schnell alle Sümpfe vertrocknet und die Krankheiten gehoben. — Der Samum (Smum oder Samiel), welcher der gefährlichste unter allen Winden ist, kommt ebenfalls aus den erhitzten Sandwüsten Afrika's, und weht in Arabien, Persien, Aegypten und andern heißen Ländern. Kurze Zeit vor seiner Ankunft wird die Luft feurig roth, und scheint in Flammen zu stehen; dann erhebt er sich mit Zischen und Prasseln in der Luft, und Menschen und Thiere, welche ihn einathmen, stürzen todt, wie vom Blitze getroffen, nieder. Um sich vor der tödtlichen Kraft dieses Windes zu schützen, legen sich Reisende platt nieder mit dem Gesichte auf die Erde, und bedecken sich, wo möglich, mit nassen Tüchern; selbst Thiere in jenen Ländern senken den Kopf, wenn sie das Herannahen dieses Windes merken, dicht an die Erde. Ein Glück ist es, daß er eine Elle hoch über der Erde fortweht und nur etwa ¼ Stunde dauert. Merkwürdig ist es, daß die Körper der Menschen und Thiere, welche dieser Wind tödtet, gleich schwarz werden und außerordentlich schnell verwesen. Bei etwas starkem Anfassen einzelner Glieder der Leichname lösen sich diese ganz vom Körper ab. — Die Orkane, Wirbelwinde und Gluthwinde wären denn allerdings sehr gefährliche Winde. Doch müssen auch sie ihren Nutzen haben, da der allweise und allgütige Gott auch die Ursachen ihres Entstehens in die Natur gelegt hat. Was sonst den Nutzen des Windes betrifft, der bedeutend größer ist als der Schaden, den er bisweilen verursacht, darüber habe ich euch schon früher zu belehren gesucht. Wer weiß noch den Nutzen desselben anzugeben?

Sch. Der Wind reinigt die Luft von schädlichen Dünsten, welche der Gesundheit so sehr nachtheilig sind; er trocknet das Land nach lange anhaltender Nässe; er treibt die Wolken über die ganze Erde, wodurch allenthalben die Fruchtbarkeit befördert wird. Er schüttelt die Bäume und befördert dadurch nicht nur den Umlauf ihrer Säfte, sondern macht auch, daß sie in der Erde fester wurzeln; auch setzt er Windmühlen in Bewegung.

L. Ja, er verbreitet auch den Samen mancher Gewächse weithin durch die Länder; er bewegt auch die stehenden Gewässer, und bewahrt sie dadurch vor der Fäulniß — bei anhaltender Windstille können die Seefahrer die übelriechenden Ausdünstungen des Meeres kaum ertragen; er vermindert die Hitze oder Kälte, indem er kalte oder warme Luft aus andern Gegenden herbeiführt; er treibt die Schiffe über das Meer — ohne ihn würden wir (da bis jetzt noch fast alle Schiffe vom Winde getrieben werden müssen) die schönen Sachen nicht haben, die aus fremden Ländern zu uns gekommen sind, z. B. die Kartoffeln, das oft einzige Nahrungsmittel so vieler armen Leute. — Gütiger Gott! auch dadurch, daß du der uns umgebenden Luft ihre Leichtbeweglichkeit verliehest, erscheinst du uns wunderbar und segnend!

Dreizehnte Unterredung.

L. Wenn man einen mit Wasser gefüllten Kessel über Feuer setzt, so vermindert sich das Wasser im Kessel nach und nach. — Wo bleibt aber das Wasser, da es durch den Kessel nicht dringt?

Sch. Es steigt als Dunst in die Höhe.

L. Was verursacht also hier die Wärme?

Sch. Sie löset das Wasser in so feine Theile auf, daß diese (weil sie bedeutend leichter sind als die Luft) sich in die Höhe heben können.

L. Und da diese Wassertheilchen, welche auch Dünste genannt werden, dann in der Luft bleiben, so vereinigen sie sich auch mit dieser. — Die Erfahrung lehrt aber auch, daß das Wasser um so mehr verdünstet, je größer die Oberfläche desselben ist, und je mehr es von der Luft berührt wird. — Die Wärme also bewirkt die Ausdünstung nicht allein, sondern was trägt auch noch mit dazu bei?

Sch. Die Luft.

L. Es versteht sich von selbst, daß die Ausdünstung desto schneller und größer sein muß, je größer nämlich die Wärme ist; an heißen Sommertagen also größer als an kalten Wintertagen; bei Tage größer als bei der Nacht. Auch ist die Ausdünstung größer bei trockner Luft, als wenn diese feucht ist; deßhalb dünstet selbst das Wasser, wenn auch die Luft sehr kalt und dabei trocken ist, mehr aus, als bei wärmerer und dabei mehr feuchter Luft. — Wodurch findet also bei strenger Kälte die Ausdünstung Statt?

Sch. Durch die Luft.

L. Dazu kommt noch, daß das Wasser und sogar das Eis, nie so kalt ist, daß es nicht noch freie Wärme enthält. Deshalb merkt man oft, daß selbst bei starkem Frostwetter aus Seen, Sümpfen u. s. w. etwas Dampfartiges in die Höhe steigt. — Kannst du vielleicht ein Beispiel angeben, welches beweis't, daß auch die Luft die Ausdünstung befördert?

Sch. Ja. Das Gras, welches im Winter zum Viehfutter dienen soll, fährt man, wenn es gemäht ist, nicht gleich nach Hause, sondern läßt es einige Tage draußen liegen. Die Feuchtigkeiten, welche es als Gras enthält, verlieren sich dann nach und nach, steigen als Dünste in die Höhe, und zwar, je wärmer (je mehr Sonnenschein), desto eher, aber auch, wenn nur Wind ist.

L. Aus demselben Grunde wird auch das Korn und anderes Getreide, nachdem es gemäht ist, nicht gleich nach Hause gefahren — aus welchem Grunde nämlich? — Es ist aber auch erwiesen, daß vom Grase, Korn und von andern Gewächsen, während sie wachsen, schon wässerige Theile (Dünste) aufsteigen. Wie geht das aber zu, daß diese dann nicht so, wie gemähtes Gras, Korn u. s. w. nach und nach trocken werden?

Sch. Dies kommt daher, weil jedes Gewächs mit seiner Wurzel, welche viele kleine Oeffnungen hat, in der Erde befestigt ist, und vermittels derselben immer wieder Feuchtigkeiten aus der Erde zieht.

L. Zuweilen setzen sich in warmen Zimmern, wo es übrigens ganz trocken ist, Feuchtigkeiten an die Fenster — wo kommen diese her?

Sch. Diese kommen von den im Zimmer befindlichen Menschen und Thieren her, von welchen auch Dünste durch die Zwischenräume der Haut (die sogenannten Schweißlöcher, Poren) aufsteigen, wovon sich ein Theil nach den Fenstern hinzieht.

L. Ganz recht; es steigen auch aus den Körpern der Menschen und Thiere, wie aus den Pflanzen, Dünste in die Luft. So schätzt man das tägliche Gewicht der Ausdünstung bei einem ausgewachsenen, gesunden Menschen an 4 bis 5 Pfund, und die eines Baumes von mittler Größe im Sommer an 30 Pfund. — Du, Kleiner, wann werden die Wege sehr naß?

Sch. Wenn es mehre Tage hindurch regnet.

L. Bleiben sie aber immer naß?

Sch. Nein, wenn es eine Zeitlang nicht regnet, so werden sie bald wieder trocken.

L. Wo bleibt denn aber diese Feuchtigkeit?

Sch. Ein Theil davon zieht sich in die Erde hinein.

L. Da aber die Wege um so eher trocken werden, je mehr Sonnenschein und Wind wir haben — was schließest du daraus?

Sch. Daß auch ein großer Theil (wenn nicht gar der größte) als Dünste in die Luft steigt.

L. So geht es auch mit dem Acker- und Gartenlande, wenn es trocken wird — wie nämlich? — — Je mehr aber ein Körper Feuchtigkeit enthält, um so mehr kann er durch die Ausdünstung Feuchtigkeit verlieren; je nässer also ein Körper ist — fülle den Satz aus!

Sch. Desto mehr dünstet er auch aus.

L. Wo ist nun aber mehr Wasser, als im Meere? und wo berührt die Luft eine größere Wasserfläche, als auf dem Meere? — Was läßt sich daher auch mit Gewißheit bestimmen?

Sch. Daß von dem Meere die meisten Dünste in die Luft steigen.

L. Nach Halley's Berechnung dünstet eine Wasserfläche von der Größe des mittelländischen Meeres an einem einzigen Sommertage 52,800 Millionen Tonnen Wasser aus. — Du, Kleiner, muß denn da das Meer nicht kleiner werden?

Sch. Ich dächte wohl.

L. Was sagst du, Erster, dazu?

Sch. Nein, das Meer kann durch die Ausdünstung nicht kleiner werden; denn was es hierdurch verliert, erhält es durch die Flüsse und Ströme wieder, die in dasselbe hineinfließen.

L. Gieb nun noch einmal Alles an, wodurch die Luft beständig mit Dünsten angefüllt wird.

Sch. Dies geschieht immer durch das Meer, durch Flüsse, Seen, durch die Erdoberfläche selbst, durch Pflanzen, Thiere und Menschen.

L. Und wodurch wird diese Ausdünstung bewirkt?

Sch. Durch die Luft, von welcher die Gegenstände berührt werden, und durch Wärme.

L. Wir können also mit Wahrheit sagen, daß die Luft beständig mit Dünsten angefüllt ist. Wie kommt es aber doch, daß sie uns oft so klar erscheint, obgleich sie fremde Theile enthält?

Sch. Dies kommt daher, weil dann die Dünste ungefähr eben fein und weit ausgedehnt sind, als die Luft selbst.

L. Und folglich sind sie so innig mit der Luft vereinigt, haben sich eben so in derselben aufgelös't, wie Kochsalz im Wasser, und sind uns daher unsichtbar. Oft ist es aber der Fall, daß diese klare Luft in kurzer Zeit ganz trübe wird, und wir auf einmal Nebel und Wolken bemerken. Wie geht das zu? — Das wißt ihr also nicht? Nun es soll euch gleich aus folgendem Beispiele deutlich werden. Bringt man ein kaltes Glas in eine warme Stube, wo die Luft ganz trocken zu sein scheint, so beschlägt das Glas augenblicklich oder wird feucht. Mithin wird durch die Kälte des Glases bewirkt, daß sich ein Theil der vorher unsichtbaren Dünste um das Glas plötzlich so verdichtet, daß sie nicht mehr so fein bleiben, wie die Luft selbst, und daher von dieser abgesondert am Glase als Wassertheile sichtbar werden. Beim warmen Glase ist es aber anders — warum?

Sch. Weil um das warme Glas die unbemerkbaren Dünste sich nicht verdichten, sondern so fein bleiben, wie die Luft selbst ist.

L. So ist es nun auch mit der äußern Luft. Ist die Luft klar, so sind auch die darin enthaltenen Dünste auf's innigste mit derselben vereinigt. Nimmt aber die Wärme der Luft ab, so wird sie dadurch verdichtet, und kann daher nicht mehr so viele Dünste, als vorher, in sich halten und aufnehmen, sondern scheidet einen Theil der mit ihr vereinigten Dünste von sich, die dann in mancherlei Gestalt uns sichtbar werden. — Auf diese Art entstehen alle wässerige Lufterscheinungen — wie heißen doch diese gleich?

Sch. Thau, Reif, Nebel, Wolken, Regen, Schnee und Hagel.

L. Jede derselben wollen wir jetzt näher betrachten. — Wenn ihr recht früh am Morgen oder auch spät am Abend nach dem Untergange der Sonne in den Wald oder auf das Feld geht, so werdet ihr oft auf allen Blättern und Grashälmchen, auf den Blumen und andern Körpern kleine Tropfen bemerken, die wie Perlen aussehen, und des Morgens im Sonnenschein mit den prächtigsten grünen und rothen Farben funkeln. Weißt du, Kleiner, wie man diese Tröpfchen nennt?

Sch. Thau.

L. Laßt uns aber auch darüber nachdenken, wie sowohl am Morgen als am Abende der Thau entsteht. Du, Kleiner, wann steigen von der Erde mehr Dünste in die Luft, am Tage oder in der Nacht?

Sch. Am Tage.

L. Erster! warum nicht in der Nacht?

Sch. Weil dann die Sonnenstrahlen nicht mehr die Luft erwärmen, und diese daher kälter und dichter wird.

L. Was geschieht nun mit den Dünsten, wenn die Luft kälter wird?

Sch. Sie werden auch verdichtet.

L. So wie man das an einem kalten Glase sieht, welches eben in ein warmes Zimmer gebracht wird. Da nun nach dem Untergange der Sonne die Erde nicht gleich wieder kalt wird, sondern eine Zeitlang noch stark ausdünstet; so müssen auch die Dünste, weil sie von der nun kälteren Luft nicht mehr aufgenommen werden können, sich in der Nähe der Erde verdichten, und als kleine Tropfen an kältere Körper, z. B. an Steine, Pflanzen u. s. w. anhängen. Wäre daher die Erde, wären die Steine, Pflanzen u. s. w. nicht kühler als die Luft, so würde wenig oder gar kein Thau entstehen.

Sch. Ich glaubte früher immer, daß der Thau aus der Luft fiele.

L. Dieser Meinung sind alle Menschen, die darüber nicht recht unterrichtet sind. Nehmt nur eine gläserne Glocke oder ein großes Bierglas, das inwendig ganz trocken ist, und stellt es im Sommer über eine Pflanze, aber ganz fest, so daß keine Luft von außen hineindringen kann. Nach 24 Stunden werdet ihr sehen, daß inwendig am Glase Thautropfen hangen — ein Beweiß also wovon?

Sch. Daß die Thautropfen nicht aus der obern Luft herabfallen.

L. Am Morgen entsteht aber der Thau auf folgende

Art: Sobald die Sonne aufgeht, wird durch sie zuerst die obere Luft erwärmt und dadurch ausgedehnt. Die untere Luft dagegen wird durch die plötzliche Abwechselung noch mehr erkältet und verdichtet, so daß sie die Dünste, welche sich in ihr, besonders in einer heiteren und windstillen Nacht, gesammelt haben, nicht mehr in sich halten kann, sondern auf die Erde zurückfallen läßt. Beim Herabfallen aber verbinden sich diese Dünste mit mehren, werden dichter, oft wie Nebel, und hängen sich nun als kleine Tropfen an die Pflanzen und andere Körper an. — Ist es wahr, wenn man sagt: Heute wird es nicht regnen, weil viel Thau gefallen ist?

Sch. O ja, das kann wohl wahr sein; denn wenn die aus der Erde gekommenen Dünste nicht in die Höhe gestiegen, sondern unten geblieben sind, so können sie auch nicht als Tropfen von oben herabfallen.

L. Merkt euch auch: Je kälter nach warmen Tagen die Nächte sind, desto mehr Thau entsteht, und so auch umgekehrt. In den heißen Ländern, wie z. B. in Aegypten, wo der Regen eine so seltene Erscheinung ist, entsteht daher so viel Thau, daß Alles davon ganz durchnäßt wird, wodurch die ermatteten Pflanzen erquickt werden. Aber auch in unsern Gegenden ist bei anhaltender Dürre, die Alles, was die Erde erzeugt, zu vertrocknen und zu verdorren droht, der Thau der einzige Ernährer und Erhalter der Gewächse und also ebenfalls eine unentbehrliche nicht genug zu erkennende Wohlthat Gottes.

Sch. Es soll ja aber auch Mehlthau geben.

L. Weißt du wohl, welche Bewandtniß es damit hat?

Sch. Wenn große Hitze und Dürre gewesen ist, hört man oft sagen, daß Mehlthau gefallen sei; und daß alsdann manche Früchte, z. B. Kohl, Erbsen, Kürbis, Gurken, Hopfen u. dergl. nicht recht gerathen.

L. Seht, hiermit verhält es sich eigentlich so: Bei großer Hitze schwitzt zuweilen aus den Blättern der Pflanzen, die nicht ganz gesund sind, ein klebriger Saft aus, den man seines oft süßlichen Geschmacks wegen Honigthau nennt. Wenn dieser nicht bald vom Regen abgewaschen wird, so schadet er dem fernern Wachsthum der Pflanze und bildet die sogenannten Rostflecken. Finden sich nun auf den Gewächsen beim Entstehen des Honigthaues viele kleine, weißlich aussehende Blattläuse ein, so vermischen sich diese mit dem Honigthau so, daß er das Ansehen eines Mehlteiges erhält; weßhalb ihn auch der gemeine Mann Mehlthau nennt, und meint in seiner Unwissenheit, derselbe sei aus der Luft gefallen. Thau sollte man eigentlich diese Pflanzenkrankheit gar nicht nennen. Wahr ist es aber, daß die Blattläuse, besonders wo sie in großer Menge sind, das Wachsthum und Fruchtbringen der Pflanzen sehr hindern, weil sie nicht nur den Saft derselben aussaugen, sondern zugleich auch die Blätter zerfressen, so daß diese verschrumpfen und verdorren. — Da jedem Wasser, wie wir aus dem früheren Unterrichte wissen, so viel Wärme entzogen werden kann, daß es gefriert; so kann es bei dem Thau auch geschehen. Du, Kleiner, was wird daher mit dem Thau geschehen, wenn es in der Nacht sehr kalt ist?

Sch. Er wird gefrieren.

L. Und wie nennt man den Thau, wenn er gefriert?

Sch. Reif.

L. Was ist also Reif?

Sch. Nichts anders als gefrorner Thau.

L. In welchen Jahreszeiten findet derselbe sich am meisten ein?

Sch. Im Frühlinge und Herbste, wo er besonders des Morgens die Bäume und andere Körper mit kleinen Eisnadeln ganz weiß überzieht.

L. Auch die Ausdünstungen der Menschen und Thiere verwandeln sich in diesen Jahreszeiten, so wie im Winter, in Reif, und setzen sich als solcher an die Haare oder Kleider. Kannst du, Erster, mir aber sagen, warum die Ausdünstungen nicht gleich in freier Luft gefrieren, und erst als Ueberzug anderer Körper sichtbar werden?

Sch. Das kommt daher, weil die mit Reif überzogenen Körper schon vorher kälter waren, als die sie umgebende, mit Dünsten angefüllte Luft, und so die Dünste erst zum Gefrieren brachten.

L. Ueberhaupt zieht sich die warme Luft nach kalten Körpern hin, und häuft auf diese Art auch die Ausdünstungen der kalten Körper. Ist es z. B. in einer Stube warm und draußen kalt, so pflegen sich ans Fenster Feuchtigkeiten zu setzen (die Fenster schwitzen, heißt es dann). Kannst du die Ursache davon angeben?

Sch. Ja, die in der Stube befindlichen Menschen (und was sonst Feuchtigkeiten an sich hat) dünsten aus, und sobald diese Ausdünstungen in die Nähe der kalten Fenster kommen, verlieren sie ihre Wärme, theilen sie den Fenstern und diese wieder der äußern Luft mit; die wässerigen Theile aber bleiben an den Fenstern zurück.

L. Wann werden nun wohl die Fensterscheiben gefrieren?

Sch. Diese müssen gefrieren, wenn sich die in wärmeren Zimmern enthaltenen Dünste an die bis zum Gefrierpunkte erkalteten Fenster ansetzen.

L. Je langsamer sie gefrieren, desto schönere Kristalle bilden sich. Eben so entsteht auch das Glatteis, indem nicht allein Dünste, sondern auch herabfallende Regentropfen sich an dem sehr kalten Erdboden und an Steinen in eine Eiskruste verwandeln. Wann entsteht also das Glatteis? — Auf die nämliche Art erfolgt auch das Beschlagen der Wände und Mauern bei eingetretenem Thauwetter. Wie läßt sich aber das erklären, da die Luft beim Thauwetter doch nicht mehr so kalt ist, wie vorher? — Nun, wie ist die Luft beim Thauwetter?

Sch. Feucht. Ach nun weiß ich's. Die Feuchtigkeiten der Luft berühren auch die Mauern und steinernen Wände; und weil diese, obwohl die Luft schon weniger kalt ist, noch einige Zeit die vorherige Frostkälte haben, so wird auch den Dünsten der wärmeren Luft, welche sich an dieselben ansetzen, so viel Wärme entzogen, daß sie gefrieren.

L. Der lebende Mensch zieht beständig äußere Luft in seine Lunge, und stößt sie wieder aus — wie nennt man das mit einem Worte?

Sch. Er athmet.

L. Die Luft, welche er ausathmet, führt aber immer Feuchtigkeiten aus seinem Körper mit fort — wann kann man diese sehen?

Sch. Wenn es kalt ist. Es scheint dann, als ob Rauch aus dem Munde komme.

L. Wie nennt man diese Feuchtigkeiten, welche der Mensch ausathmet, mit einem andern Worte?

Sch. Den Hauch des Menschen.

L. Wann sieht man nun den Hauch nicht in Gestalt eines Rauches?

Sch. Wenn es warm ist.

L. Wie kommt das?

Sch. Durch die warme Luft werden die Dünste nicht verdichtet (oder es treten die Theilchen der Flüssigkeit nicht näher aneinander), sondern bleiben so fein, wie die Luft selbst.

L. Gut gemerkt. Nun wirst du mir auch sagen können, warum man des Morgens über den Seen, Flüssen, Sümpfen

u. s. w., die doch am Tage, wenn die Sonne scheint (wenn es warm ist), weit stärker als des Morgens ausdünsten, einen Rauch sieht?

Sch. Dies kommt daher, weil durch die Kühle oder Kälte des Morgens die aufsteigenden Dünste in der Luft verdichtet und dadurch sichtbar werden.

L. Wie nennt man aber die Wasserdünste, welche wegen der Kälte der Luft nicht hoch aufsteigen, sondern in sichtbarer Gestalt nahe über der Erdoberfläche in der Luft schweben?

Sch. Nebel.

L. In welchen Jahreszeiten zeigt sich derselbe am meisten?

Sch. Im Frühlinge und Herbste, wo es am Tage warm und in der Nacht kalt ist.

L. Was geschieht, wenn Wassertheile sich berühren?

Sch. Sie fließen zusammen.

L. Was muß daher auch leicht mit den Nebeltheilchen geschehen können, wenn diese sich berühren?

Sch. Dann müssen sie auch leicht zusammenfließen.

L. Werden nun durch dieses Zusammenfließen die Wassertheilchen kleiner?

Sch. Nein, sie werden größer.

L. Ja, und dann kann die Luft sie nicht mehr tragen, und sie müssen also niederfallen. Du, Erster, wenn das mit dem Nebel geschieht, wie sagt man dann?

Sch. Der Nebel fällt.

L. Wird aber beim Nebel die Luft von der Sonne erwärmt — was geschieht dann mit den Nebeltheilchen?

Sch. Sie werden dann ausgedehnt, feiner und auch leichter.

L. Und da durch die Sonnenwärme zugleich die Luft ausgedehnt wird, so kann diese auch die verdünnten Nebeltheilchen (Dünste) besser in sich aufnehmen. Diese steigen daher in die Höhe — und wie sagt man dann?

Sch. Der Nebel steigt.

L. Was prophezeihet man, wenn der Nebel steigt?

Sch. Regenwetter.

L. Warum?

Sch. Weil durch den steigenden Nebel die obere Luft mit mehr wässerigen Theilen versehen wird, die leicht wieder (wenn sie nicht durch einen Wind zerstreut werden) als Regentropfen herabfallen können.

L. Und wenn der Nebel fällt, was verkündigt man dann?

Sch. Gutes Wetter.

L. Warum?

Sch. Weil dann die Luft von einem Theil Dünste, die sich in Regen verwandeln würden, befreit wird.

L. Eine besondere Art von Nebel ist der sogenannte Heide= oder Höherauch, welcher keine Feuchtigkeit bei sich führt, und in der obern Luft herum schwimmt. Man glaubt, daß derselbe meistens durch unterirdische Naturbegebenheiten, Erdbrände, Erdbeben u. s. w. veranlaßt werde. — Wird aber der Nebel nicht von der Luft aufgelös't, oder fällt er nicht nieder, sondern steigt in die höhere Luft — was bildet er dann?

Sch. Die Wolken.

L. Was sind also Wolken?

Sch. Nichts anders als Nebel in der höhern Luft.

L. Dies haben diejenigen erfahren, welche auf dem Gipfel eines hohen Berges gewesen sind, der von unten gesehen in Wolken gehüllt erschien. Sie fanden sich dort eben so vom Nebel umgeben, wie unten, wenn es neblig ist. — Wie entstehen also Nebel und Wolken? Wie unterscheiden sie sich? — Merkt nun auch noch Folgendes: Die Dicke der Wolken ist mehr oder weniger beträchtlich und erstreckt sich von mehren hundert bis auf tausend Fuß. Die Höhe, welche die feinsten Wolken erreichen, soll etwas mehr als eine Meile betragen, während die sehr dichten Wolken, wie z. B. die Regen= und Gewitterwolken, durch ihre Schwere bedeutend tiefer schweben; weßhalb man auch auf den Gipfeln der hohen Berge Wolken und Gewitter unter sich siehet. Daß übrigens durch die Kälte im Winter die Wolken tiefer stehen, als im Sommer, läßt sich aus dem bisher Gesagten leicht einsehen. Die Dunkelheit der Wolken rührt von ihrer Dichtigkeit her; ihre verschiedenen, zum Theil prächtigen Farben, entstehen aber durch das auf sie fallende Sonnenlicht, welches auf verschiedene Art gebrochen und zurückgeworfen wird. Da oft die Wolken in verschiedenen Luftschichten sich befinden, und von entgegengesetzten Luftströmungen getrieben werden; so sieht man auch nicht selten, daß die Wolken aus Süden ziehen, während unterhalb der Wind aus Norden weht, und umgekehrt. Man sieht aber auch, wenn über der Erde Windstille ist, wie oben die Wolken aus verschiedenen Richtungen gleichsam feindlich gegen einander ziehen, und dieser Kampf hat meistens baldigen Sturm zur Folge. Nicht selten haben die Wolken recht sonderbare Gestalten. Oft sind sie, besonders am Horizonte, gestaltet wie Thiere, oft auch wie Meere. Zuweilen sieht man auch am blauen Himmel lange Streifen hingezogen, welche aus weißen, zarten, federähnlichen Wolken bestehen, die der deutsche Landmann Regenwurzeln nennt, weil sie oft Vorboten des Regens sind. Manchmal bilden sie sich lockenähnlich oder tigern den größten Theil des Himmels mit weißen, kleinen Flocken, die von den Kindern Lämmerwolken genannt werden. Diese sogenannten Lämmerwolken, welche viel höher als alle andere Wolken sind, und die man selbst auf den höchsten Bergen noch hoch über sich sieht, senken sich nur dann erst, wenn sie vom Winde zusammengetrieben und somit verdichtet werden. — Was nützen denn aber die Wolken?

Sch. Die Wolken sind ja als Wasserträger eine große Wohlthat für uns; und durch die verschiedenen Gestalten und Farben, welche die Wolken annehmen, ergötzen sie uns auch.

L. Und brennt die Sonne sehr stark, so wird uns die Hitze lange nicht so beschwerlich, wenn sich eine Wolke zwischen uns und die Sonne zieht. — Wer bringt das am ersten in Erfahrung?

Sch. Die auf dem Felde Arbeitenden und die Reisenden.

L. Wenn nun durch Wind, Kälte und andere Ursachen die als Wolken in der Luft schwebenden Dünste in Tropfen zusammenfließen, und diese ihrer Schwere wegen zur Erde niederfallen — wie sagen wir dann?

Sch. Es regnet.

L. Wie entsteht also der Regen? — Oft sind die Tropfen so fein wie Staub; dies nennt man Staubregen, der gewöhnlich bei kälterer Luft, welche die Dünste hindert, hoch empor zu steigen, aus niedern Wolken kommt. Auf den Bergen ist übrigens der Regen immer feiner, weil da die Luft dünner ist. Sind aber die Tropfen groß und fallen mit Heftigkeit nieder, wie nennt man dann den Regen?

Sch. Platzregen.

L. Warum so?

Sch. Weil er ein prasselndes Geräusch auf Dächern und Straßen erregt.

L. Ziehen nur einzelne regnende Wolken am Himmel hin; regnet es also nur auf einer gewissen Strecke, so nennt man ihn Strichregen. Ist aber dabei der ganze Himmel, so weit wir ihn sehen können, mit Regenwolken überzogen — wie wird dann der Regen genannt?

Sch. Landregen, der oft sehr lange dauert.

L. Wenn sich das Wasser einer Wolke plötzlich und auf einerlei Fläche ergießt und mit zerstörender Gewalt herabstürzt, so nennt man dies einen Wolkenbruch. Dabei ist aber nichts zerbrochen oder zerrissen, sondern der Wind hat in solchen Fällen eine Wolkenmasse von beträchtlicher Dicke gewaltsam an einen hohen Berg zusammengedrängt, oder zwei starke, einander entgegen wehende Winde haben dies bewirkt, wodurch dann das Wasser einer solchen Wolkenmasse sich auf einmal ergießt und eine Ueberschwemmung verursacht, die oft Häuser umreißt, ganze Wiesen versandet u. dergl. m. Doch erfolgen Wolkenbrüche nicht häufig und selten in Ebenen, sondern meist in gebirgigen Gegenden. — Was schließen wir bei großen Regentropfen?

Sch. Daß es drei Tage regnen werde.

L. Du, Erster, ist das richtig?

Sch. Nein. Denn die großen Regentropfen zeigen wohl an, daß sie aus einer großen Höhe herabgefallen und im Fallen mit mehren Tropfen zusammengeflossen sind, aber nicht, daß es drei Tage regnen werde.

L. In unsern Gegenden haben die größten Regentropfen nicht über ¼ Zoll im Durchmesser. In der Nähe des Aequators, wo die Wolken am höchsten ziehen, fallen jedoch oft Regentropfen herab, deren Durchmesser einen ganzen Zoll betragen. — Alles, was in großer Menge aus der Luft herunterfällt, belegt man mit dem Namen Regen. Daher giebt es auch noch verschiedene Arten von Regen, welche dumme und abergläubische Leute als Zornankündigungen Gottes ansehen, und mit dem Namen Wunderregen bezeichnen. — Welche Arten von Regen rechnet man gewöhnlich dazu?

Sch. Schwefel- Blut- Frosch- Stein- und Feuerregen.

L. Wo fällt denn zuweilen dieser Schwefelregen?

Sch. In der Nähe der feuerspeienden Berge, welche den Wolken Schwefeldünste mittheilen, die sich denn da verdichten und mit den Regentropfen in Gestalt der sogenannten Schwefelblüthe herabfallen.

L. In den meisten Fällen findet man aber auch nach einem Regen einen gelblichen Staub auf der Erde, den der Unwissende für Schwefel hält, der aber aus nichts anderem, als aus gelbem Blüthenstaub besteht, welcher vom Winde in den fallenden Regen geweht und mit demselben vermischt wurde. — Mancher will sich's nicht ausreden lassen, daß es einen Blutregen gäbe, und — er hat Recht. Ist aber das Blut, welches er hier und da auf der Erde, den Blättern u. s. w. sieht, auch wirklich Blut?

Sch. Nein, es ist nur eine Feuchtigkeit, die von den Kohlschmetterlingen herrührt, welche nach ihrer Verwandlung einen rothen Tropfen zurücklassen.

L. Da es nun in manchen Sommern unzählige solcher Kohlschmetterlinge giebt, so sieht es oft auch aus, als habe es Blut geregnet. — Eben so natürlich geht es mit dem sogenannten Froschregen zu — wie nämlich?

Sch. Wenn es nach anhaltender Dürre einmal regnet, so kommen die oft in großer Menge an einem Orte befindlichen kleinen und großen Frösche aus ihren Schlupfwinkeln hervor.

L. Die dann dem Unwissenden aus der Luft gekommen zu sein scheinen. Man hat aber wirklich auch Beispiele, daß mit dem Regen zugleich auch Frösche aus der Luft herabgefallen sind; diese wurden aber durch einen Wirbelwind in der Ferne aufgehoben und in der Luft mit fortgeführt, und fallen nun im Regen wieder auf die Erde zurück, von welcher sie genommen waren. In Afrika und Amerika ist die letzte Art des Froschregens gar nicht selten. — Welche Bewandtniß es mit dem Steinregen habe, der glücklicher Weise nur sehr selten sich ereignet, ist bis jetzt noch nicht sicher genug erforscht. Einige Naturforscher glauben, daß diese Steine aus entfernten Welträumen, andere, daß sie aus dem Monde, und noch andere, daß sie aus der Luft kommen. Im Jahre 1803 fielen im Orne-Departement in Frankreich so viele Steine aus der Luft, daß man deren auf einer Fläche von $2\frac{1}{2}$ Quadratmeilen über 2000 Stück fand, wovon einige 17 Pfund wogen. — Verständige Menschen wissen, daß auch dem Steinregen wie jeder andern Erscheinung eine natürliche Ursache zum Grunde liegt, obgleich uns oft die letztere unbekannt ist, und daß daher auch die uns bis jetzt unbegreiflichen Erscheinungen nur als natürlich mögliche und nicht als Wunder, d. h. übernatürliche Erscheinungen, angesehen werden dürfen. — Man spricht auch davon, daß es hier und da schon Feuer geregnet haben soll — und wie nennt man diesen Regen?

Sch. Feuerregen.

L. Dieser entsteht, wenn die Regentropfen so viel elektrische Materie (worüber wir uns in der nächsten Stunde unterhalten werden) mit herunter bringen, daß sie im Dunkeln leuchten, und wenn sie auf feste Körper, z. B. auf Steine u. s. w. fallen, wie Feuerfunken aussehen. Weiter aber ist der Feuerregen nichts. — Gieb mir nun den Nutzen des Regens an!

Sch. Er befeuchtet, erweicht und befruchtet das Land; er erquickt und nährt die Pflanzen; er befreit die Luft von vielen schädlichen Dünsten, welche er mit herunter nimmt; er mäßigt die Sonnenhitze und füllt die Quellen, Bäche und Flüsse.

L. Gefrieren die Dünste (Wassertheilchen) einer Wolke gerade zu der Zeit, wenn sie in Tropfen zusammenfließen wollen, so verwandeln sie sich in Eisspitzen, und schweben als solche ihrer Feinheit wegen noch in der Luft. Vereinigen sich aber mehre dieser Eisspitzen, so kann die Luft sie nicht mehr tragen und sie fallen daher als Schneeflocken auf die Erde nieder, wenn die untere Luft, durch die sie fallen, den hinreichenden Grad von Kälte hat — wie sagt man dann gewöhnlich?

Sch. Es schneiet.

L. Wie entsteht also der Schnee? — Wann sind die Schneeflocken am größten?

Sch. Wenn die Kälte gelinde ist, weil sich dann mehre gefrorne Dünste beim Herabfallen an einander hängen.

L. Wann sind sie aber am kleinsten?

Sch. Wenn sehr starke Kälte ist, weil dann die gefrornen Dünste beim Herabfallen nicht an einander hangen bleiben.

L. Fallen aber die Schneeflocken durch wärmere Luftschichten als durch solche, die nicht den hinreichenden Grad von Kälte haben, so schmelzen sie, ehe sie zur Erde kommen. — Welche Gestalt haben die Schneeflocken gewöhnlich?

Sch. Eine sternförmige, sechseckige Gestalt.

L. Wo giebt es denn auch im Sommer Schnee?

Sch. Auf sehr hohen Bergen.

L. Auch der Schnee hat, wie Alles, was der gütige und weise Gott in der Welt hervorbringt, seinen vielfachen Nutzen — welchen nämlich?

Sch. Er schützt als Decke die Wintersaat vor dem Erfrieren; er führt, wenn er thaut, unsern Quellen und Flüssen ihre Nahrung zu; er vermindert die Dunkelheit in unsern langen Winternächten.

L. Der Schnee soll auch Manches in sich enthalten, was die Fruchtbarkeit der Erde befördern kann; thaut nun der Schnee, so soll sich dieses Befruchtende mit der Erde vereinigen. Werden vom Frost erstarrte Menschen in ein kaltes Zimmer auf ein Lager von Schnee ganz entkleidet gelegt und einen halben Fuß hoch mit Schnee bedeckt, den man ihnen fest an den Körper drückt, doch so, daß Mund und Nase frei bleiben; so kommen diese Unglücklichen oft wieder in's Leben zurück, so wie erfrorne Glieder (Nase, Ohren u. s. w.) gewöhnlich wieder hergestellt werden, wenn man sie mit Schnee reibt, ehe man sie in die Wärme bringt*). Auch gewährt uns der Schnee manches Vergnügen — nenne eins!

Daß im Sommer die Dünste am höchsten steigen, wissen wir schon. Ist nun die untere Luft warm und mit wässerigen Dünsten angefüllt, die obere aber kalt, so daß die schon in Tropfen zusammengeflossenen Dünste sich schnell in Eiskügelchen verwandeln, so fallen diese Eiskügelchen aus der obern Luft in die untere, wo sich die wässerigen Dünste an die gefrornen anhängen, selbige mit einer Eisrinde überziehen und somit vergrößert zur Erde fallen. — Weißt du, Kleiner, wie man diese Eiskügelchen nennt?

Sch. Hagel.

L. Ganz recht. Wie entsteht also der Hagel? — Wenn aber die Hagelkörner beim Herunterfallen sich an einander hängen und gefrieren, so werden sie oft so groß wie Taubeneier und werden dann Schloßen genannt, die einen desto größern Schaden verursachen, je höher sie herabfallen. — Welchen Schaden richten die Schloßen oft an?

Sch. Sie zerschlagen Fensterscheiben, ganze Felder voll Getreide u. s. w.

L. Ja, so wird oft in einer Stunde die Hoffnung ganzer Gegenden vernichtet. Und doch geschieht auch dieses mit Gottes Zulassung; welche gute Absicht kann er dabei haben?

Sch. Sie lehren uns, daß Gott dadurch die stolzen und übermüthigen, reichen Menschen zu demüthigen pflegt; sie dadurch erinnere, daß mit ihrer Macht und Kunst allein es nicht gethan ist. (Psalm 147, 16—18.)

L. Wenn nun aber in einem Orte arme Landleute

*) Wer gezwungen ist, sich lange in der Kälte aufzuhalten, schützt sich am besten vor dem Erfrieren der Nase und Ohren, wenn er diese Theile mit Talg oder Oel bestreicht. Die Füße können durch Umwickeln mit Papier am besten geschützt werden.

mit Thränen ihre zerstörten Felder ansehen, wozu sollen dann die benachbarten Ortschaften, die verschont geblieben sind, sich erweckt fühlen?

Sch. Zum thätigen Mitleid. (Jakobi 2, 15. 16. und Matth. 7, 16—21.)

L. Was willst du damit sagen?

Sch. Sie sollen die unglücklich gewordenen Mitmenschen nicht nur bedauern, sondern so viel in ihren Kräften steht, ihnen auch von ihrem Segen abgeben; denn wenn es ihnen einst wie diesen Unglücklichen ginge, dann würden sie auch wünschen, daß Andere nach allen Kräften ihnen beistehen möchten.

L. Und unser Heiland sagt: Alles, was ihr wollet, daß euch die Leute thun sollen, das thuet ihr ihnen auch. Damit nun der Mensch Gelegenheit habe, in irgend einer Tugend es recht weit zu bringen, lässet Gott so mannichfaltiges Uebel zu; denn gäbe es z. B. wohl ohne arme Menschen die Tugend der Wohlthätigkeit, und ohne Nothleidende die Tugend der Barmherzigkeit?

Sch. Gewiß nicht.

L. Erkennst du hieraus die Wirkung der Noth?

Sch. Ja, sie macht, daß sich die Menschen desto inniger lieben, desto eher einander helfen.

L. Dürfen wir daher allgemeine Landplagen als Strafen Gottes betrachten?

Sch. Nein, als Strafen nicht (wenigstens nicht im Allgemeinen), sondern als Erziehungsmittel.

L. Und als solche müssen wir sie alle dankbar und vertrauensvoll benutzen. — — Zu welcher Jahreszeit fallen denn gewöhnlich die Schloßen?

Sch. Im Sommer bei großer Hitze. Wie kommt es denn aber, daß es manchmal in der obern Luft so kalt ist, da diese doch der Sonne weit näher ist als die untere Luft?

L. Das kommt daher, weil die Sonnenstrahlen nur erwärmen, wenn sie verschluckt werden; durch die Luft aber gehen sie durch, ohne sie zu erwärmen, so wie sie durch ganz reines Glas durchfallen, ohne daß dieses sich erhitzte. (Vergl. S. 82. 83.) — Weißt du, womit ein Hagelwetter oft verbunden ist?

Sch. Mit einem Gewitter.

L. Davon mehres in der künftigen Stunde.

Vierzehnte Unterredung.

L. Wovon wollten wir heute sprechen?

Sch. Von dem Gewitter.

L. Also von der größten und furchtbar-schönsten Naturerscheinung. Zu welchen Lufterscheinungen gehört das Gewitter?

Sch. Zu den feurigen.

L. Welche Lufterscheinungen nennt man denn feurige?

Sch. Solche, welche durch wirkliche Entzündungen in der Luft hervorgebracht werden.

L. Also nicht durch die Brechung der Lichtstrahlen. Welches sind denn aber, außer dem Gewitter, die vorzüglichsten feurigen Lufterscheinungen?

Sch. Das Wetterleuchten, die Wetterlichter (St. Elmsfeuer), die Irrlichter, die Sternschnuppen, die Feuerkugeln und das Nordlicht.

L. Woraus besteht ein Gewitter?

Sch. Aus Donner und Blitz.

L. Nenne das umgekehrt; denn der Blitz ist immer zuerst da, ist also auch die Ursache, wovon der Donner nur die Wirkung ist — also noch einmal: woraus besteht ein Gewitter?

Sch. Aus Blitz und Donner.

L. Womit, wegen der plötzlichen Abkühlung der Luft, Stürme, Regengüsse oder manchmal auch Hagel verbunden sind. Wie heißt aber die Materie, welche vom ganzen Gewitter die Ursache ist?

Sch. Sie heißt elektrische Materie oder Elektrizität.

L. Bis jetzt kennt man nur die Wirkungen dieser Materie; sie selbst ist uns noch unbekannt. Wenn man z. B. eine Glasröhre recht schnell auf einem Stückchen Tuch oder Flanell reibt, und hält sie dann über kleine Stückchen Papier oder Strohhälmchen oder Sägespäne u. dgl.; so sieht man, daß diese Papierstückchen u. s. w. von der Glasröhre in einer kleinen Entfernung angezogen und bald wieder abgestoßen werden, dann nochmals angezogen und wieder abgestoßen werden; und so dauert das Spiel eine Zeitlang fort. Reibt man eine große Glasröhre im Dunkeln, so bemerkt man einen Lichtschein, und wenn man der Röhre mit dem Finger zu nahe kommt, sogar einen kleinen, hellen, knisternden Funken, welcher in dem Finger ein schwaches Stechen verursacht. Hält man diese Röhre dem Gesichte nahe, so hat man das Gefühl, als sei dasselbe mit Spinngewebe überzogen. Eben dasselbe geschieht, wenn man ein Stück Bernstein, Harz, Pech, Siegellack oder eine Stange Schwefel auf dieselbe Art reibt. Legt man auf eine ziemlich heiße Ofenkachel ein trocknes Blättchen Postpapier, und reibt dieses mit einem erwärmten elastischen Stückchen Gummi's (das gewöhnlich zum Auslöschen der Bleistiftzüge gebraucht wird) auf seiner obern uns zugewandten Seite der Länge nach von oben nach unten, als ob man Schriftzüge auswischen wollte; so wird man sehen, daß das zuerst so bewegliche Papier in kurzer Zeit an der Ofenplatte so stark zu kleben anfängt, als wäre es mit Kleister hingeleimt. Wer es nun schnell von der Ofenkachel reißt, in die Höhe hält und los läßt, dem fliegt es mit Windesschnelle in's Gesicht und verursacht ihm eine Empfindung auf demselben, als wenn es von feinen Spinngeweben leicht berührt würde. Geschieht dieses Reiben im Dunkeln, so sieht das Gummi, so oft man auf dem Papiere damit herabfährt, ganz feurig aus; und zwischen dem Gummi und dem Papiere bemerkt man bläuliche Feuerstrahlen, die aber das Papier nicht anbrennen. Zieht man jetzt das geriebene Papier von der Ofenkachel, so sprühen unter lautem Geknister zahlreiche Funken aus demselben hervor; und nähert man dann schnell den Knöchel des Zeigefingers der andern Hand dem Papiere von der untern Seite, so springt ein heller Feuerfunken prasselnd auf diesen Finger.

Sch. Wie geht denn dies aber zu, daß das mit Gummi geriebene Papier einem in's Gesicht fliegt, wenn man es in die Höhe hält und los läßt?

L. Das erklärt sich aus Folgendem: Wenn ihr Papier auf die oben angegebene Art reibt und dann über Papierschnitzchen, Sandkörnchen u. dgl. haltet, so werdet ihr bemerken, daß diese von dem geriebenen Papiere eben so angezogen werden, wie Eisenfeile vom Magnet. Diese Anziehung oder dieses Bestreben, nicht geriebene Körper an sich zu reißen, übt das Papier natürlich auch gegen unser Gesicht aus; da sich dieses aber jenem nicht entgegen bewegt, so muß sich umgekehrt ganz begreiflich das Papier dem Gesichte, nämlich der leichtere dem schwerern Körper entgegen bewegen, oder auf dasselbe zufliegen. Dasselbe ereignet sich, wenn ihr das auf solche Weise geriebene Papier in die Luft werft. Es fliegt dann der Wand zu und bleibt dort wie angeleimt hangen, bis es seine elektrische Kraft verloren hat und dann wie jeder andere Körper zu Boden fällt. Auch Haare der Thiere, vorzüglich die der Katzen, geben, wenn man sie reibt, knisternde Funken von sich. Davon könnt ihr euch überzeugen, wenn ihr im Finstern den Rücken einer grauen oder schwarzen Katze streichelt, doch so, daß ihr gegen die Haare aufwärts streicht. — Alle diese Erscheinungen nun bezeichnet man im Allgemeinen mit dem Worte: elektrische Materie oder Elektrizität, weil die Griechen diese Erscheinung zuerst am Bernstein entdeckten, welcher in ihrer Sprache Elektron heißt. — Alle Körper des Weltraumes werden in Hinsicht auf die Elektrizität in zwei Klassen eingetheilt. Die Körper nämlich, in welchen durch Reibung ein hoher Grad von Elektrizität erzeugt wird, nennt man elektrische. — Nenne einige solcher Körper!

Sch. Siegellack, Glas, Bernstein, Harz, Schwefel, Pech, Seide, Wolle, trockne atmosphärische Luft, Papier, weißen und Candis-Zucker, harte Steine u. dgl.

L. Die andern Körper hingegen, welche, einfach in der Hand gehalten, durch Reiben nicht in den Zustand der Elektrizität versetzt werden, nennt man unelektrische. — Führe einige an!

Sch. Metalle, Holzkohlen, Wasser, Rauch aus Schornsteinen und andrer Feuerdampf, Nebel, Erde, Menschen und Thiere, grünes oder feuchtes Holz u. dgl.

L. Merkt euch nun: Die unelektrischen Körper haben das Eigene, daß sie die Elektrizität, wenn sie mit elektrischen Körpern in Berührung kommen, begierig aufnehmen und fortleiten; weßhalb man sie auch Leiter der Elektrizität nennt. Die elektrischen Körper aber nennt man Nichtleiter — warum wohl?

Sch. Weil sie von andern Körpern keine Elektrizität aufnehmen und fortleiten.

L. Die Leiter erhalten also die Elektrizität durch Mittheilung; hingegen in den Nichtleitern entsteht sie durch Reiben. Wenn die Elektrizität in dem Nichtleiter durch Reibung aufgeregt ist, so heißt er elektrisirt. Ist dem Leiter Elektrizität mitgetheilt, und will man, daß er dieselbe nicht fortleiten soll, so muß er entweder an seidenen Faden aufgehängt oder auf Nichtleiter gestellt werden, und dies nennt man mit einem fremden Worte: ihn isoliren, d. h. (von Leitern) absondern. Will ich z. B. mich selbst isoliren und in dieser Lage zugleich elektrisiren, so darf ich mich nur auf ein Gestell von Glas, Pech, Siegellack u. s. w. stellen, und dann mit einem trocknen Katzenfelle eine Zeitlang an eine Wand schlagen. Durch dieses Schlagen wird nämlich die Elektrizität in dem Katzenfelle aufgeregt und mir mitgetheilt; ich stehe also dann elektrisirt da. Berührt mich nun Jemand, so sprüht aus meinem Körper ein knisternder Funke, der ihm und mir einen Schmerz verursacht, welcher dem eines Nadelstiches ähnlich ist. Ja noch mehr; wäre ich in einem hohen Grade elektrisirt, so würde der mich Berührende eine sehr empfindliche, heftige Erschütterung durch seinen Körper hindurch bekommen. — Die Erfahrung lehrt aber auch, daß elektrisirte Körper nur unelektrisirte, oder mit einem andern Reiber geriebene, also auf eine andere Weise elektrisirte Körper an sich ziehen, eine mit gleicher Art elektrisirte hingegen abstoßen. Elektrisiren wir z. B. ein Stückchen Papier, indem wir es auf der ziemlich heißen Ofenkachel auf oben erwähnte Art reiben, und halten es dann an einem Ende in die Höhe, so werden wir sehen, wenn wir diesem nun ein anderes, gleich großes Papier in die Nähe bringen, daß beide sehr schnell zusammen fliegen und fest an einander kleben. Nehmen wir aber beide Stückchen Papiere und reiben sie auf gleiche Weise mit dem Gummi, und halten sie in die Höhe, so daß sich sogar ihre beiden obern Ränder dicht berühren; so ziehen sich beide Papiere nicht mehr an, sondern gehen im Gegentheil unten immer weiter und weiter aus einander, als wenn sie vor einander flöhen. Kannst du mir jetzt die Ursache angeben, warum die Papiere jetzt einander fliehen, da sie sich doch früher anzogen?

Sch. Das kommt gewiß daher, weil sie jetzt beide elektrisirt sind; wäre das eine unelektrisirt, so würde es das andere schon anziehen.

L. Das ist's nicht allein. Wenn wir auch beide Stückchen Papier auf der Ofenkachel elektrisiren, und nur das eine mit der Kleiderbürste, das andere hingegen mit dem Gummi reiben, so ziehen sie sich dennoch mit Heftigkeit an, wenn man sie empor hebt und einander nähert, und bleiben fest an einander kleben. — Was sagst du nun dazu?

Sch. Ach ja, nun weiß ich's. Werden beide Papiere entweder mit dem Gummi oder der Bürste (also mit gleichartigen Körpern) gerieben, so stoßen sie sich, wenn man sie einander nähert, ab; werden sie hingegen mit ungleichartigen Körpern, also ein Papier mit der Bürste und das **andere** mit dem Gummi gerieben, so ziehen beide einander begierig an.

L. Richtig; beide Papiere sind also jedesmal elektrisirt, man mag sie mit Gummi oder mit einer Bürste gerieben haben; denn man fühlt die Elektrizität auf ihren Flächen aufgeregt, und sie bewirkt zwischen unserm Finger und dem Papiere die Erscheinung eines prasselnden Funkens; dennoch aber muß die Elektrizität von einem verschiedenen Reiber (Reibzeuge) verschiedenartig erregt werden, sonst würde sie nicht verschiedene Wirkungen äußern. Bei manchem Körper wird auch durch den Stoß Elektrizität entwickelt. Das Licht z. B., welches im Dunkeln beim Zerklopfen des Zuckers erscheint, ist nichts anders als elektrisches Licht. Uebrigens betrachtet man die Elektrizität als eine **flüssige Materie**, die in allen Körpern gleichmäßig verbreitet ist; alle sind also von ihr durchdrungen, und daher im elektrischen Gleichgewichte. Wird nun durch das Reiben die Elektrizität in einem Körper (z. B. in der Glasröhre) angehäuft, so wird sie dem reibenden (z. B. dem wollenen Tuche) entzogen. Dieser angehäufte Ueberfluß der elektrischen Materie sucht sich aber wieder auszugleichen, strebt also wie das Wasser, die Luft und die Wärme im Gleichgewichte zu bleiben, und dieses Bestreben ist es, was jene Erscheinungen hervorbringt. — Was geschieht z. B., wenn das Wasser an einer Stelle hoch, an der andern, dicht darneben, aber niedrig ist?

Sch. Dann fließt dasselbe (sobald nicht etwa ein Damm den Lauf aufhält) von jener nach dieser Stelle, so lange, bis es in's Gleichgewicht kommt, d. h. bis es an beiden Stellen gleich hoch ist.

L. Je größer nun der Unterschied zwischen dem Stande des Wassers auf einer Stelle und der benachbarten ist, desto stärker ist der Fall des Wassers (d. h. desto stärker läuft es von jener zu dieser Stelle). — Wann ist auch der Wind um so stärker? — Warum wird eine Stube durch einen geheizten eisernen Ofen schneller als durch einen andern Ofen erwärmt? — Der Uebergang der flüssigen Materie geschieht also aus einem Körper oder einer Gegend in andere Körper oder Gegenden um so stärker und schneller, je mehr ihr Gleichgewicht aufgehoben ist. So geht's nun auch mit der elektrischen Materie *). —

---

*) Den Ueberfluß der elektrischen Materie nennt man auch die **positive** Elektrizität, und den Mangel die **negative**

Man hat besondere Maschinen erfunden, wodurch man die Elektrizität nicht nur in einem sehr hohen Grade verstärken, sondern auch schnell und bequem hervorbringen kann — wie nennt man diese Maschinen?

Sch. Elektrisirmaschinen.

L. Die Einrichtung einer solchen Maschine besteht 1) aus dem zu elektrisirenden Körper, der meistens eine auf einem Gestell befestigte runde Scheibe von geschliffenem Spiegelglase, oder auch eine gläserne Kugel ist. Durch die Mitte der Scheibe geht eine Achse, welche nebst der Scheibe vermittels einer Kurbel sich leicht umdrehen läßt. 2) Aus dem Reibzeuge, welches aus 2 oder 4 flachen mit Haaren ausgestopften ledernen Kissen bestehet, auf welche vermittels frisch ausgelassenen Schweinschmalzes, ein Metallpulver (Amalgam), das aus 1 Theil Zinn, 1 Theil Zink und 2 Theilen Quecksilber besteht, eingewischt wird; und 3) aus einem isolirten Hauptleiter (Conduktor), welcher eine von Messingblech verfertigte Röhre ist, die vorn (nach dem Glase zu) mit leitenden Saugspitzen (kleinen Drahtspitzen) versehen auf einem gläsernen Fuße ruht. — Dreht man nun diese Maschine, so wird zuerst dem bestrichenen Polster die Elektrizität entzogen — dieses entzieht sie wieder dem Gestelle, an dem es befestigt ist, das Gestelle dem Tische, dieser dem Fußboden u. s. w., und die Scheibe sucht den in ihr angehäuften Ueberfluß wieder abzugeben. Im Dunkeln sieht man daher Funken von ihr herausströmen, und setzt man den Conduktor mit den Saugspitzen bis etwa auf einen viertel Zoll Entfernung gegen die Scheibe, so wird dieser den ausströmenden Ueberfluß gleich aufnehmen, aber eben so schnell jedem andern Leiter wieder mittheilen. Mit einer solchen Elektrisirmaschine lassen sich außer oben angegebenen Erscheinungen auch noch viele andere hervorbringen. Dreht man z. B. die Glasscheibe, so empfindet man einen phosphorähnlichen Geruch; nähert man sich mit dem Gesichte dem Conduktor, so hat man die Empfindung, als wäre man in die Fäden eines Spinngewebes gerathen. Nähert man ihm aber im Dunkeln

Elektrizität. Jene bezeichnet man durch + E, diese durch — E. Man kann also jene Erscheinung mit dem Anziehen und Abstoßen auch so ausdrücken: positiv und positiv elektrisirte Körper oder + E und + E stoßen einander ab; negativ und negativ elektrisirte Körper oder — E und — E stoßen einander ab; und positiv und negativ elektrisirte Körper oder + E und — E ziehen einander an.

den Knöchel eines Fingers oder einen andern Leiter, so sieht man gegen diesen einen Funken überspringen. Berührt ein Mensch, der auf einem Stuhle mit Glasfüßen steht (wodurch er isolirt ist), den Conduktor, oder hält er das an demselben hangende Kettchen, so wird er so elektrisch, daß überall, wo man seinen Körper berührt, stechende Funken herausfahren; die Haare auf seinem Kopfe sträuben sich in die Höhe; er zieht gleich dem Conduktor leichte Sachen wie Strohhälmchen, Papierschnitzchen u. dgl. in seine Nähe, und stößt sie wieder ab. Berührt dieser elektrische Mensch einen andern, so geht die Elektrizität auch in diesen über. Durch mehre Vorrichtungen kann man mit einer Elektrisirmaschine alle Wirkungen des Gewitters im Kleinen hervorbringen, und sogar Thiere erschlagen. Ist die Maschine mit weniger Elektrizität geladen, so fühlt man bei deren Berührung einen Schlag durch den ganzen Körper, vorzüglich in den Armgelenken. Haben sich auch noch so viele Menschen angefaßt, und einer davon berührt die Maschine, so fühlen doch alle den Schlag und in demselben Augenblicke*). — Auch bei einigen Fischarten, z. B. bei dem Zitteraal, Zitterrochen u. a. bemerkt man elektrische Kräfte. Berührt man den Zitterrochen (der sich im mittelländischen Meere aufhält) in der Gegend des Kopfes, so empfindet man eine Erschütterung, wie von der Elektrisirmaschine. Beim Zitteraal (in den Gewässern um Amerika) werden auch Funken sichtbar, und er soll durch seinen Schlag ein Pferd tödten können. Funfzehn Fuß um sich herum macht er das Wasser elektrisch, und dadurch hat ihm die Weisheit des Schöpfers die Fähigkeit verliehen, sich nicht nur gegen größere Fische, die ihm nachstellen, vertheidigen zu können, sondern auch kleinere in seine Gewalt zu bekommen. — Man kann diese Fische aber anfassen, wenn man ein seidnes Tuch um die Hand wickelt; weil sie Nichtleitern, wozu auch die Seide gehört, keinen Schlag versetzen können. (Wiederholung.)

Da ihr nun mit den Wirkungen der Elektrizität bekannt gemacht worden seid, so kann es euch gewiß nicht schwer

*) Daß aber ohne Anschauung einer Elektrisirmaschine auch die umständlichste Beschreibung derselben und ihrer Wirkungen meist unverstanden bleibt, ist leicht einzusehen. Schreiber dieses hat seinen Schülern, als er sie in seiner Schule mit Hilfe solcher Maschine elektrisirte, gewiß die lehrreichste und angenehmste Lection gegeben.

fallen, über die Entstehung eines Gewitters richtige Urtheile zu fällen. Wenn in einer Wolke die elektrische Materie, welche durch die Ausdünstung der Erde aufsteigt, gehäufter ist, als in einer andern ihr sich nähernden Wolke oder in andern nahen Gegenständen; so fährt ein starker elektrischer Funke mit großer Schnelligkeit und Kraft in der Gestalt eines zackigen Feuerstrahls entweder in die andre Wolke oder in andere Gegenstände, wodurch das zerstörte Gleichgewicht in beiden Gegenständen sogleich wieder hergestellt wird. — Weißt du, Kleiner, wie man diesen elektrischen Funken nennt?

Sch. Blitz.

L. Wie entsteht also der Blitz? — Weil nun der Blitz mit ungeheurer Kraft die Wolken und die Luft zertheilt und diese sogleich wieder mit Heftigkeit zusammenfährt, so wird auch die Luft durch dies gewaltsame Trennen und Wiedervereinigen sehr stark erschüttert (in eine zitternde Bewegung gesetzt, vergl. Seite 65.) und diese heftige Lufterschütterung macht es, daß mit dem Blitze ein sehr starker Schall oder Knall verbunden ist. Du, Kleiner, wie nennt man diesen Schall oder Knall mit einem andern Worte?

Sch. Donner.

L. Wie entsteht also der Donner? — Was ist also eigentlich beim Gewitter die Hauptsache?

Sch. Der Blitz; der Donner kommt erst nachher.

L. Warum hören wir aber oft den Donner später, als wir den Blitz sehen?

Sch. Weil die Schallstrahlen langsamer gehen, als die Lichtstrahlen.

L. Je schneller also der Donner auf den Blitz folgt — schließe weiter.

Sch. Desto näher ist das Gewitter.

L. Weißt du noch, wie viel Fuß der Schall in einer Sekunde zurücklegt?

Sch. 1040 Fuß.

L. Da nun eine deutsche Meile 24,000 Fuß enthält, in wie viel Zeit wird der Schall wohl diese durchlaufen. Wer hat's zuerst ausgerechnet?

Sch. Beinahe in 24 Sekunden.

L. Was mußt du nun thun, wenn du erfahren willst, wie weit das Gewitter von dir entfernt ist?

Sch. Sobald ich den Blitz gesehen habe, muß ich anfangen den Puls zu zählen, bis ich den Donner höre; kann ich dann zwischen Blitz und Donner (welche an Ort und

Stelle zugleich entstehen) 24 Schläge an meinem Pulse zählen (der in jeder Sekunde ungefähr einmal schlägt), so ist das Gewitter noch eine Meile von mir.

L. Wie weit also bei 18, 12, 6, 3 Pulsschlägen?

Sch. (Giebt es an.)

L. Wenn aber der Blitz zur Erde niederfährt, wie sagt man in solchen Fällen?

Sch. Der Blitz hat eingeschlagen.

L. Weißt du, Erster, mir zu sagen, wie das Einschlagen des Gewitters geschieht?

Sch. Wenn sich eine elektrische Wolke einem hohen Gegenstande nähert, z. B. einem Thurme, Baume u. dgl., so leert sie durch den Blitz (welcher zugleich die schwefelichten Dünste in der Luft entzündet) ihren Ueberfluß gegen denselben aus, und zerschmettert dann dadurch feste Gegenstände, schmilzt Metalle, entzündet Gebäude und tödtet Menschen und Thiere.

L. Wodurch entsteht also der Schaden, welchen ein Gewitter anrichten kann?

Sch. Bloß durch den Blitz.

L. Wenn also der Donner, welcher in der Ferne nur wie ein langes, dumpf hinschallendes Rollen, in der Nähe aber wie ein einfacher Knall gehört wird, noch so schrecklich sein sollte; so braucht man sich dennoch nicht zu fürchten, weil dann alle Gefahr vorüber ist.

Sch. Ich habe aber auch schon gehört, daß es kalte Blitzschläge geben soll; wie ist denn das zu verstehen?

L. Gewöhnlich nennt man so den Schlag des Blitzes, welcher bloß Gegenstände zerschmettert, ohne sie in Brand zu stecken. Deßhalb darf man aber nicht glauben, es gäbe heiße und kalte Schläge; denn ist der Blitz beim Einschlagen nicht stark genug, um zu zünden, oder trifft er keine leicht entzündlichen Stoffe, so kann er natürlich auch nicht zünden. Uebrigens ist jeder Blitz kalt (kein wirkliches Feuer); die Entzündung entsteht wohl nur durch die außerordentliche Gewalt, womit der Blitz die hindernden Gegenstände angreift. (Vergl. S. 81.) — Was glauben noch viele Menschen vom Gewitter?

Sch. Daß in dieser Zeit Gott sie strafen werde.

L. Was thun sie daher?

Sch. Sie singen und beten.

L. Warum?

Sch. Um die göttliche Strafe von sich abzuwenden.

L. Ist dies vernünftig gedacht?

Sch. In gewisser Beziehung vielleicht wohl. Ich denke: wem sein Gewissen schlägt, mag auch bei drohender Gefahr solcher Art an seine Strafwürdigkeit denken; freilich aber wird er sich hüten müssen vor dem eitlen Glauben, daß Gott bei jeder gefahrdrohenden Begebenheit nur ihn vor Augen habe und um seinetwillen so große Dinge verrichte.

L. Ist denn aber dieses Beten und Singen so ganz zu tadeln?

Sch. Nein, es ist doch immer eine fromme Beschäftigung.

L. Ganz gewiß. Steht doch des Menschen Leben immer in Gottes Hand. Bei einem nahen Gewitter kann also auch sein Ende nahe sein; und es wird ihm wahrlich nichts schaden, wenn er mit einem frommen Gebete und andächtigen Gesange in jene Welt hinüber geht. — Manche andere hingegen beweisen sich gottlos beim Gewitter — wodurch?

Sch. Durch Spottreden und Gotteslästerungen.

L. Wer von euch weiß davon eine Geschichte?

Sch. Ich. Während eines heftigen Gewitters hielten zwei Reiter vor einem Wirthshause an, tranken ein Glas Branntwein, und riefen spottend aus: „Wie unser Herrgott seine Kanonen gehen läßt! Aber brave Kürassiere „treffen sie nicht! Also vorwärts marsch!" — Sie waren aber kaum 50 Schritte fort, so wurden sie beide vom Blitze erschlagen. Da hatten sie ihren Lohn.

L. Das kannst du nicht so geradezu behaupten; denn wahrscheinlich wären sie ohne jene gotteslästerliche Rede auch erschlagen worden, da sie die einzigen hohen Gegenstände auf dem flachen Felde waren, und viel Metall an sich hatten, nach welchem der Blitz sich hinzieht. Indessen schieden sie aber doch mit einer Versündigung gegen Gott aus dieser Welt; und wie beschämt müssen sie daher vor dem Throne des allwissenden Richters erschienen sein! — — Welche Vorsichtsmaßregeln hat man bei Annäherung eines Gewitters im Hause zu beobachten?

Sch. Bei Annäherung des Gewitters öffne man Thüren und Fenster, um die Luft im Hause vorher zu reinigen; während des Gewitters aber halte man sie verschlossen, und lasse nur im Wohnzimmer ein Fenster oder eine Thür offen.

L. Auch halte man sich bei einem Gewitter nicht in Zimmern und an Orten auf, wo viele Menschen sind und wo die Luft durch die Wärme sehr verdünnt worden ist,

z. B. in Schauspielhäusern, Tanzsälen u. s. w. Die Ausdünstung und die erwärmte Luft sind starke Leiter. — Wohin darf man sich im Hause während des Gewitters nicht stellen?

Sch. Nicht an Wände, Fenster, Thüren, Pfeiler, Pfosten, Kamine, Oefen, Kronleuchter, Klingeldrahte, Spiegel, vergoldete Rahmen, nicht an Orte, wo sich Metall befindet, und man lege das, was man etwa von dem letzten bei und an sich trägt, von sich; auch halte man sich, wo möglich, fern vom Feuerherde, Schornsteine, besonders wenn Feuer auf dem Herde ist.

L. Das löscht man am besten ganz aus; warum?

Sch. Weil der aufsteigende Rauch (so wie der aufsteigende Dunst) ein Leiter ist, der den Blitzstrahl leicht an sich ziehen kann.

L. Wo sitzt man beim Gewitter in der Stube am sichersten?

Sch. In der Mitte, weil der Blitz leicht durch den Ofen oder an den Wänden hereinschlägt.

L. Warum ist es gut, die Stubenthüre oder ein Fenster offen zu haben?

Sch. Weil dann die Menschen, wenn der Blitz einschlägt, nicht so leicht erstickt werden.

L. Kommt in der Nacht ein starkes Gewitter, so verlasse man das Bett und das Schlafgemach und gehe in ein geräumiges, luftreines Zimmer — warum wohl?

Sch. Weil man hier, wenn es sich ereignete, daß der Blitz einschlüge, nicht so leicht erstickt werden kann, wie in einem engen, niedrigen Zimmer, zumal wenn dies mit unreinen Dünsten angefüllt ist.

L. Ist man auf der Straße, was hat man dann während eines Gewitters zu beobachten?

Sch. Man vermeide alle engen Gassen, und gehe lieber mitten in einer breiten Straße, als nahe an den Häusern, weil an diesen leicht der Blitz herab geleitet werden kann. Auch halte man nicht den Regenschirm über sich.

L. Noch weniger suche man Schutz unter Thorwegen, Thüren, oder unter einem Hausgiebel, sondern gehe lieber in ein Haus hinein, wenn man nicht mitten auf der Straße bleiben will. Auch halte man sich fern von Dachrinnen; denn diese (so wie heftige Regengüsse) vermehren die Gefahr, weil die Blitze dadurch zur Erde geleitet werden. — Auf Schiffen, die keine Blitzableiter haben, gehe man nicht nahe an den Mastbaum. Im untersten Schiffsraum ist man am sichersten. — Ist man während eines Gewitters auf freiem Felde, welche Vorsichtsmaßregeln hat man da zu beobachten?

Sch. Im Freien muß man sich 10 bis 15 Schritte von Sümpfen, Gewässern, Viehheerden, Wagen, Bäumen, Heu- und Getreidehaufen, Hecken und andern hervorragenden Gegenständen stellen, weil der Blitz auf die höchsten Gegenstände einschlägt. Ist man selbst der höchste Gegenstand, so muß man sich, wenn das Gewitter tief geht und sich gerade über uns entladet, auf die Erde niederlegen.

L. Will man dies aber nicht, so laufe man ja nicht, sondern gehe ganz langsam vorwärts, weil die vermehrte Ausdünstung den Blitz leicht anziehen könnte. Deßhalb reite und fahre man auch langsam, damit die Pferde nicht erhitzt werden, oder was noch besser ist: man halte lieber an, steige aus dem Wagen oder vom Pferde, binde es wo möglich an, und setze sich in einiger Entfernung nieder — warum wohl?

Sch. Weil man dann nicht der höchste Gegenstand ist. Am sichersten ist's aber wohl immer, wenn man sich 10 bis 15 Schritte von einem freistehenden (besonders belaubten) Baume entfernt halten kann, weil dieser den Blitz anzieht.

L. Ganz recht. Wodurch werden aber Gebäude und Schiffe am sichersten vor dem Einschlagen geschützt?

Sch. Durch Blitzableiter.

L. Geschieht aber nicht durch diesen, so wie durch andere Vorkehrungen ein Eingriff in die Rechte Gottes?

Sch. Nein; sonst wäre ja das auch ein Eingriff in die Rechte der göttlichen Vorsehung, wenn sich der Mensch im Winter, um nicht zu erfrieren, in warme Kleider hüllt, oder wenn er sich ein Haus bauet, welches ihn gegen Schnee und Regen schützt. (Ein anderer Schüler.) Das wäre ja dann auch ein Eingriff in die Rechte Gottes, wenn der Mensch sich gegen Wasserüberschwemmungen durch hohe Dämme schützt, oder wenn er eine Feuersbrunst löscht, oder wenn er sich vor Krankheiten (besonders ansteckenden) in Acht nimmt, und Arzeneien gebraucht, im Fall er krank geworden ist.

L. Allerdings. Sagt doch auch Jesus selbst, daß die Kranken des Arztes bedürfen. Vorsicht ist gewiß nie zu tadeln; wir können also auch von den Mitteln, welche uns zum Ableiten des Blitzes dienen, Gebrauch machen, ohne uns deßwegen zu versündigen. Hat doch Gott selbst diese Mittel in die Natur gelegt, und den Menschen Verstand und Kräfte gegeben, diese Mittel aufzufinden und zu benutzen.

Sch. Wie ist denn aber ein solcher Blitzableiter beschaffen?

L. Deine Wißbegierde macht mir Freude. Der Blitzableiter besteht aus einer eisernen Stange, welche mehre Fuß weit von einem Gebäude entfernt, und wenigstens 5 bis 6 Fuß über den Gipfel desselben gezogen und bis zur Erde herunter geleitet wird. An den höchsten Theil dieser Stange wird nun eine andere starke, eiserne Stange angefügt, deren Spitze, um das Rosten zu verhüten, vergoldet ist. Da nun jedes Metall ein Leiter ist, so saugt auch diese Spitze die elektrische Materie aus den über ihr hinziehenden Wolken ein, und verhütet dadurch das Einschlagen; ziehet aber nicht Gewitter herbei, wie oft fälschlich geglaubt wird. Geschieht es aber auch, daß der Blitz nach einem solchen Gebäude zufährt, so trifft er die Stange, und wird von derselben herab bis in die Erde geführt, ohne das Gebäude und dessen Bewohner auch nur im geringsten zu verletzen, was tausende von Beispielen schon genugsam bewiesen haben *). — Welcher berühmte Mann ist der Erfinder des Blitzableiters?

Sch. Benjamin Franklin; er erfand denselben zu Philadelphia in Nordamerika im Jahre 1752.

L. Was hat man da oft gefunden, wo der Blitz in die Erde hinein gefahren ist?

Sch. Streitäxte oder solchen ähnlich geformte Steine, welche vermuthlich die alten heidnischen Völker als Waffen benutzten.

L. Dergleichen werden aber auch an vielen andern Orten, wo der Blitz nicht eingeschlagen hat, gefunden. Ein Beweis wovon?

Sch. Daß sie nicht durch den Blitzstrahl entstanden sein konnten.

L. Was glaubte man sonst davon?

---

*) Da Kupfer und Blei noch bessere Leiter sind als Eisen, so macht man die allerbesten Blitzableiter aus 3 bis 4 Zoll breiten Kupfer- oder Bleistreifen, welche ununterbrochen von dem obersten Schornsteinrande an über dem Rücken des Gebäudes hinweg und ganz an dem Gebäude herunter geführt sind. Leicht kann man diese Streifen an einander stoßen, und so genau auf das Dach und die Wand des Gebäudes annageln.

Sch. Daß es Donnerkeile wären, die z. B. ein Haus oder einen Baum u. s. w. zerschmetterten.

L. Wer in unsern Tagen das glauben würde, der wüßte sich gewiß das Entstehen eines Gewitters nicht richtig zu erklären — was müßte er sonst wissen?

Sch. Daß bloß der Blitz zerschmettert, und der Donner, weil er nur ein Schall ist, keinen Schaden anrichten kann.

L. Denn würde durch den Donner wirklich ein Keil oder Stein herabgeschleudert, wie müßte dann jeder vom Blitze erschlagene Mensch aussehen?

Sch. Ganz zerschmettert.

L. Wie findet man aber einen solchen gewöhnlich?

Sch. Bloß etwas beschädiget, mit blauen Flecken, weil die stark erschütterte Luft ihn schon erstickt.

L. Wahr ist es aber, daß durch das Einschlagen des Blitzes in sandige Erde zuweilen eine glasartige Masse gebildet wird. In Dresden soll sich jetzt eine 16 Fuß lange auf solche Art verglas'te Röhre befinden. — So beträchtlichen Schaden zuweilen die Gewitter durch einschlagende Blitze oder durch Hagelschlag anrichten, so ist ihr Nutzen doch weit größer. Weißt du denselben noch anzugeben?

Sch. Die Gewitter kühlen die schwüle Luft ab, reinigen diese von schädlichen Dünsten, und machen sie dem Gedeihen der Menschen, Thiere und Pflanzen zuträglich; auch befördert kein anderer Regen so sehr die Fruchtbarkeit des Erdbodens als der Gewitterregen, weil dieser allerlei fremde Theilchen mit sich führt, womit zuvor die Luft durch die Hitze angefüllt wurde.

L. Ja, selbst auch der Donner, indem er das Erdreich erschüttert und auflockert, um es zur Aufnahme der durch das Gewitter herbeigeführten Befruchtungstheilchen geschickt zu machen, befördert das Wachsthum der Pflanzen ungemein. Vor dem Gewitter, in der drückenden Hitze — wie lechzend nach Erquickung, mit niedergebeugten, welk herabhängenden Stengeln und Blumenkronen, die Blätter mit heißen, die Ausdünstung hindernden, Staube bedeckt, stehen Blumen, Gräser, Bäume und alle andere Gewächse in der vernichtenden Schwüle der glühenden Luft; der Mensch fühlt seine Glieder mit Mattigkeit und höchster Erschlaffung gefesselt, er wankt verdrossen einher, jede Geistes- und Körperanstrengung meidend, träge Ruhe suchend. — Da umwölkt sich der Horizont; allmählich erhebt sich und immer stärker weht ein erfrischender Wind; er wird zum Sturm;

immer mehr überzieht sich der tiefblaue Himmel mit fernher murrenden Wolkenmassen, durch deren ernstes Dunkel hier und da der Blitz dahin zuckt und sie theilweise erleuchtet; näher kommt das Gewitter — es ist da! In furchtbar erhabener Majestät rollt der Donner; stärker und häufiger durchkreuzen die Blitze die Wolken, welche den lange entbehrten Segen in sich tragen. Rauschend ergießt er sich über die schmachtenden Fluren. — Das Gewitter verzieht sich; schwächer und seltner werden Blitz und Donner; der Regen fällt langsamer und sanfter, die grauschwarzen Wolkenmassen theilen sich und lassen hier und dort den klaren blauen Himmel wieder sehen; die Strahlen der Sonne spenden freundlich mild ihr herrliches Licht; die ganze Natur scheint neu belebt; heller und frischer glänzt die Farbenpracht der Blumen und Blätter; sie erheben sich und duften stärker; Milliarden von Wassertropfen schimmern Juwelen gleich im Glanz der Sonne auf Halm und Blatt und Blume; — der Mensch wird heiter durch die gereinigte frische Luft, fühlt sich wieder aufgelegt zur Arbeit; — die Vögel hüpfen munterer von Zweig zu Zweig und singen freudiger dem Vater der Natur ihren Lobgesang. — Sind also nach Wahrnehmung dieser höchst wohlthätigen Wirkungen die Gewitter als eine Strafe Gottes anzusehen?

Sch. Nein; sie sind vielmehr ein Segen für die Menschheit.

L. Darum seid also auch nicht zaghaft zur Zeit eines Gewitters, sondern vertraut auf Gott, der ja alle unsere Schicksale mit Weisheit und Liebe leitet, und bedenket, daß solche Fälle, wo Menschen vom Blitze erschlagen werden, doch nur selten sind, und wenn es geschieht, ihr Tod völlig schmerzenlos ist. Merkt euch: Psalm 46, 2 bis 4 und:

Wenn gleich aus tiefer Mitternacht
Gewitter um mich blitzen:
So zag' ich nicht; mein Vater wacht;
Er wacht, mich zu beschützen.
Die Güte, die mich werden ließ,
Die den Bedrängten nie verstieß,
Die wird mich nicht verlassen.

Mit solchen Sprüchen und Versen stärket euch, wenn ihr beim Gewitter eine gewisse unwillkürliche Aengstlichkeit und Beklommenheit nicht unterdrücken könnet; sie werden in solchem Falle gewiß einen beruhigenden Eindruck auf euch machen.

Funfzehnte Unterredung.

L. Zuweilen sieht man des Abends oder in der Nacht einen oder mehre Blitze, ohne den Donner zu hören — wie nennt man diese Erscheinung?

Sch. Wetterleuchten.

L. Was ist aber das Wetterleuchten?

Sch. Das ist ein sehr fernes Gewitter, von dessen Blitzen man bloß den Wiederschein sieht, während man den Donner gar nicht hört.

L. Ja, sehr oft muß es ein weit entferntes Gewitter sein; denn oft bemerkt man dabei, daß die Luft sich auf einmal abkühlt, wie das gewöhnlich nach dem Gewitter der Fall ist.

Sch. Deßhalb pflegt man auch beim Wetterleuchten zu sagen: Das Wetter kühlt sich ab.

L. Ganz recht. Indessen kann das Wetterleuchten auch von einem Ueberströmen der elektrischen Materie in einer höhern Luftgegend herrühren, wo wegen der verdünnten Luft der Knall wenig hörbar ist, und durch die Entfernung für uns ganz verschwindet (vergl. S. 65. 66.); es kann aber auch bloß ein sanftes Ausströmen der Elektrizität einer Gewitterwolke sein, welches nicht stark genug ist, um die Luft mächtig aus einander zu pressen und Donner bewirken zu können. — — Wenn die Luft viele aufgeregte Elektrizität enthält, so erblickt man zuweilen, besonders in der Nacht, an den Spitzen der Blitzableiter, Thürme, Mastbäume und anderen spitzigen Gegenständen kleine blaue, oft rauschende Flammen. Weißt du, wie diese genannt werden?

Sch. Wetterlichter, auch St. Elmsfeuer.

L. Die Schiffer nennen sie aber Meerlichtchen. Erster, wie läßt sich wohl diese Erscheinung erklären?

Sch. Diese Flämmchen entstehen, indem die leitenden Spitzen, so wie der Blitzableiter, die Elektrizität aus der Luft an sich ziehen.

L. Auch ist es während eines Gewitters bei Nacht nicht selten geschehen, daß selbst Menschen im Freien auf ihren Hüten, so wie an den Ohren der Pferde, kleine bläuliche Flammen bemerkten, die jedoch keinen Schaden verursachten, und nach einiger Zeit wieder verschwanden. — Was sieht man zuweilen des Abends, vorzüglich in kalten Winternächten nach Norden hin am fernen Himmel?

Sch. Den Nordschein oder das Nordlicht.

L. Dies wird in den Polarländern häufig, und in unsern Gegenden nur dann gesehen, wenn es 40 bis 50 Meilen hoch ist; erreicht es aber die Höhe von 150 bis 200 Meilen, was freilich nur selten geschieht, so muß es selbst in Italien wahrgenommen werden können. Du hast ja schon einmal ein Nordlicht gesehen, weißt du von dieser überaus prachtvollen Erscheinung noch etwas zu erzählen?

Sch. O ja. Zuerst sah man am nördlichen Himmel einen nebelähnlichen Bogen, der von einem hellen Ringe umgeben war, aus welchem Strahlen hervor schossen, die bald verschwanden, bald wieder sichtbar wurden.

L. Zuweilen verbreiten sich auch solche Strahlen mit einem zischenden und knisternden Geräusch fast über den ganzen Himmel bis über unsern Kopf, und vereinigen sich da in einen hellen Kranz, woraus neue, verschiedenfarbige Strahlen wie Blitze nach verschiedenen Richtungen fahren. Ist die Luft bei solcher Erscheinung mit vielen Dünsten angefüllt, so hat sie ein sehr rothes Ansehen. — In unsern Gegenden wird von abergläubischen Menschen das Nordlicht für einen Vorboten trauriger Ereignisse gehalten. Einer meint, daß es Krieg, der andere, daß es Theuerung u. s. w. bedeute. Was sagst du dazu?

Sch. So etwas können auch nur abergläubische Leute glauben, die überhaupt alle Ursachen, welche sie sich nicht erklären können, für übernatürliche (also für solche, welche die Kräfte der Natur übersteigen) halten, und sich oft dadurch unnütz ängstigen. — Was ist denn aber eigentlich das Nordlicht, oder wie mag es entstehen?

L. Bis jetzt ist die Ursache dieser Erscheinung noch nicht befriedigend erklärt, höchst wahrscheinlich besteht es aus einer leuchtenden, elektrischen Materie, gleich unserm Wetterleuchten. Für die nördlichen Gegenden, z. B. in Lappland und in dem nördlichen Sibirien ist sie eine wahre Wohlthat; denn im Winter leben die Bewohner dieser Länder in einer 11 Wochen langen Nacht, die allein durch Nordlichter erhellt wird, welche die Finsterniß in hellen Tag verwandeln, so daß man bei diesem Lichte lesen, schreiben, kurz alle Geschäfte verrichten kann. Erkennet auch hieraus die Weisheit und Güte unsers himmlischen Vaters! — — An sumpfigen Orten, auf Kirchhöfen, Schlachtfeldern, Schindangern und überhaupt da, wo thierische Körper oder Pflanzen in Verwesung übergehen, sieht man Abends oft, besonders in warmen Ländern, zur Zeit des

Sommers oder zu Anfang des Herbstes, kleine Lichtflammen, welche nicht hoch über der Erde sich hin und her bewegen — wie nennt man diese Flämmchen, weil sie den Menschen leicht irre leiten?

Sch. Irrlichter, und wenn sie größer sind, Irrwische.

L. In den morastigen Gegenden Italiens sieht man zuweilen Irrwische, welche an 12 Fuß lang sind. Wodurch entstehen aber diese Irrlichter oder Irrwische?

Sch. Durch brennbare Luft, die sich aus faulenden Körpern entwickelt, und oft, wenn sie aus der Erde an die Oberfläche steigt, und mit der äußern Luft in Berührung kommt, in Entzündung geräth.

L. Die hüpfende Bewegung der Irrlichter kommt daher, weil sie so leicht sind, daß der geringste Luftzug, selbst der Athem der Menschen sie in Bewegung setzt. Wer nun diesen Lichterchen nachgeht, in der Hoffnung, ein Haus anzutreffen, wird irre geführt, und kann also leicht in Sümpfe, Moräste u. dgl. gerathen; denn je mehr man darauf los geht, desto weiter fliehen sie zurück, weil durch das Vorwärtsgehen die Luft, in der sie schweben, fortgestoßen wird. Demjenigen aber, der vor ihnen flieht, folgen sie nach, weil er durch das Fliehen einen Luftzug hinter sich veranlaßt. Wenn man die Flamme eines Irrlichts mit einem Tuche ausschlägt, so findet sich nachher ein Fettfleck in demselben, den die fettigen, brennbaren Dünste verursacht haben. — Oft sieht man am Abend oder in der Nacht bei hell gestirntem Himmel in der obern Luft einen leuchtenden, feurigen Fleck, einem Sterne nicht unähnlich, entstehen, welcher schräg durch die Luft schießt und größtentheils in den wässrigen Dünsten der untern Luft wieder verlischt, zuweilen aber auch auf die Erde herabfällt. Weißt du, wie man diesen kleinen, leuchtenden Körper nennt?

Sch. Sternschnuppen.

L. Warum werden sie denn so genannt?

Sch. Weil es aussieht, als wenn von einem Sterne etwas Feuriges sich losgerissen hätte und herabschösse.

L. Ja, früher glaubte man und Unwissende glauben es noch jetzt, daß die Sterne große Lichter seien, die sich putzten, wie man ein Talglicht putzt. Daß ihr aber solchen Unsinn nicht glauben werdet, davon bin ich überzeugt; denn selbst die Kleinern müssen noch wissen, was die Sterne sind.

Sch. Die Sterne sind große Weltkörper.

L. Erster, weißt du noch, wodurch die Sternschnuppen entstehen?

Sch. Sie entstehen dadurch, daß sich hoch in der Luft gewisse Stoffe entzünden, welche man aber bis jetzt noch nicht genau kennt.

L. Höchst wahrscheinlich sind es ölichte und harzige Dünste, welche sich in der obern Luft sammeln, durch Bewegung in dieser, vielleicht auch durch Verbindung mit elektrischer Materie, entzünden, und darauf, wann ihre brennbaren Bestandtheile fast verzehrt sind, leuchtend niederfallen. Besonders häufig sieht man sie in warmen, heitern, stillen Frühlings- und Herbstnächten. Nach angestellten Berechnungen sind die Sternschnuppen 1½ bis 30 Meilen weit von der Oberfläche der Erde entfernt. Ihre Geschwindigkeit wird auf 4 bis 5 Meilen in einer Sekunde geschätzt, also eine ungeheure Schnelligkeit, die derjenigen gleicht, mit welcher unser Erdball in seiner Bahn dahin fliegt. — Den Sternschnuppen ähnlich, nur größer und heller, sind die sogenannten Feuerkugeln, die in kugelähnlichen Feuerklumpen sich sehr schnell bewegen und oft sehr hoch sein müssen, weil sie weit gesehen werden; bei ihrem Zerplatzen hört man oft einen bald mehr, bald weniger starken Knall. Eine merkwürdige Feuerkugel sah man im Jahre 1719 zu Bologna in Italien. Sie war so groß, wie der Vollmond, und verbreitete einen Schein und Glanz, wie die aufgehende Sonne. In der ganzen Umgegend erfüllte sie die Luft mit einem Schwefelgeruch, und zerplatzte endlich mit einem heftigen Knalle. — Im Jahre 1762 wurde in einem großen Theile Deutschlands eine Feuerkugel gesehen, welche über Potsdam, in einer Höhe von 4 Meilen, mit einem starken Knalle zersprang. — Die große Feuerkugel, welche 1771 über Paris hinflog, leuchtete heller als der Mond, und zersprang mit solchem Knalle, daß die Pariser ein Erdbeben zu vernehmen glaubten, indem Fenster und Hausgeräthe in Erschütterung geriethen. — Wie nennt man aber die Feuerkugeln, wenn sie einen Schweif, wie ein Komet, hinter sich herziehen?

Sch. Feurige Drachen, welche, wie ich gehört habe, manchmal in Schornsteine fahren sollen. Ist denn das wahr?

L. O ja, wenn die feurigen Drachen niedrig genug über Häuser fliegen, so kann das wohl geschehen; weil nämlich im Schornsteine ein Luftzug ist, und sie in der durch Feuer verdünnten Luft verlöschen müssen. Für was halten aber dumme und abergläubische Menschen den sogenannten feurigen Drachen?

Sch. Für den Teufel, welcher in die Schornsteine derjenigen fahren soll, mit denen er im Bündniß steht, um ihnen Geld u. dgl. m. zu bringen.

L. Kinder, ihr seht es selbst ein, daß derjenige, welcher in unsern Tagen noch solche alberne Meinungen hegt, nicht nur seinem Verstande die größte Schande macht, sondern zugleich auch anzeigt, daß er kein wahrer Christ ist; denn sonst würde er bedenken, daß Christus dem Teufel die Macht genommen und die Werke des Teufels zerstört hat. Möchten doch solche Menschen nur der Bibel glauben. Wie heißt es 1 Joh. 3, 8. Verbindet damit Ebr. 2, 14. — Was beweisen uns diese Sprüche?

Sch. Daß Christus dem Teufel die Macht genommen hat.

L. Wer sich also noch in unsern Tagen vor seiner Macht fürchtet, der traut Christi Gewalt nicht, und hält die Bibel nicht für Gottes Wort. Weißt du noch aus unserem Religionsunterrichte, woraus der Aberglaube entsteht?

Sch. Der Aberglaube entsteht daraus, daß die Menschen von der Natur zu wenig, und vom Teufel zu viel wissen.

L. Was müssen also diejenigen thun, welche sich vor Aberglauben hüten, oder sich von ihm befreien wollen?

Sch. Sie müssen sich zu überzeugen suchen, daß der Teufel keine Macht mehr über uns habe, und müssen die Natur und ihre Kräfte genau zu erkennen suchen.

L. Suchet darum auch ihr, liebe Kinder, euch mit den Kräften und Erscheinungen der Natur recht genau bekannt zu machen, und seht ihr etwas Sonderbares, so geht nur darauf los, fürchtet euch nicht, sondern untersucht es genau. Denn wo eine Wirkung ist, da muß auch eine natürliche Ursache sein. Folgt ihr diesem meinen Rath, so wird es euch gewiß gelingen, den Zusammenhang zwischen Ursache und Wirkung bald einzusehen, und könnet ihr es einmal nicht ergründen, nun so denkt, eine natürliche Ursache muß auch hier vorhanden sein, nur bin ich noch nicht weise genug, sie aufzufinden. Thut ihr dies, dann bin ich überzeugt, daß auch ihr den Namen des Herrn eures Gottes durch allerlei abergläubische Handlungen nicht mißbrauchen werdet. — — Wie nennt man diejenigen Lufterscheinungen, welche durch die verschiedenen Brechungen der Lichtstrahlen in Wasserdünsten, Wolken, Nebeln u. dgl. gebildet werden?

Sch. Glänzende Lufterscheinungen.

L. Was gehört unter die glänzenden Lufterscheinungen?

Sch. Die Morgen- und Abenddämmerung, die Morgen- und Abendröthe, der Regenbogen, die sogenannten Höfe um Sonne und Mond, das Wasserziehen der Sonne und die Nebensonnen und Nebenmonde.

L. Die Sonne wirft kurz vor ihrem Aufgange schon Strahlen in unsern obern Luftkreis und erhellt ihn. Weißt du, Erster, was dadurch entsteht?

Sch. Dadurch entsteht der allmähliche Uebergang der Nacht zum Tage, oder wie man das auch nennt: die Morgendämmerung.

L. Wenn aber die Sonne kurze Zeit nach ihrem Untergange noch ihre Strahlen in unsern obern Luftkreis wirft und diesen somit erhellt — was entsteht dann?

Sch. Der allmähliche Uebergang des Tages zur Nacht, oder: die Abenddämmerung.

L. Ist auch die Morgen- und Abenddämmerung nützlich?

Sch. O ja; denn würde es beim Aufgange der Sonne plötzlich heller Tag, und bei dem Untergange derselben plötzlich dunkel und finster werden, so würden durch diese schnelle Abwechslung unsere Augen sehr leiden, vielleicht bald erblinden.

L. Wie weise und gütig zeigt sich also auch hier unser Gott? — Wenn nun während der Dämmerung die obere Luft mit vielen Dünsten gefüllt ist, so werden in diesen die Sonnenstrahlen so gebrochen (zerlegt), daß von ihren Grundfarben (s. S. 103.) nur die rothen und gelben in unsere Augen treffen. Weißt du, welche Erscheinung daraus entsteht?

Sch. Die Morgen- und Abendröthe.

L. Aus dem frühern Unterrichte wisset ihr schon, daß in der Nacht die Dünste leicht als Thau zur Erde fallen; dagegen durch die so starke Ausdünstung am Tage die Menge der Dünste leicht noch vermehrt wird. Man prophezeiht daher nicht ganz mit Unrecht aus einer recht glänzenden Abendröthe heiteres Wetter, und aus einer hochrothen oder feurigen Morgenröthe Regen oder Wind. — Was erklären wir uns außerdem noch aus dieser Brechung der Sonnenstrahlen in den Wolken?

Sch. Den Regenbogen.

L. Wie viele Farben hat derselbe?

Sch. Sieben Hauptfarben, die aber im Regenbogen etwas zusammenfließen. (Vergl. S. 103.)

L. Wie folgen diese von oben nach unten auf einander?

Sch. In folgender Ordnung: roth, pomeranzengelb, schwefelgelb, grün, himmelblau, indigoblau und veilchenblau.

L. Wie muß man aber gegen Sonne und Wolken stehen, um einen Regenbogen zu sehen?

Sch. So, daß man die Sonne hinter, und die dunkeln, regnenden Wolken vor sich hat.

L. Wo können wir daher des Vormittags den Regenbogen nur sehen, weil er nur der Sonne gegenüber erscheint?

Sch. Nach Abend zu.

L. Und wo des Nachmittags?

Sch. Nach Morgen zu.

L. Woher kommen denn aber die schönen Farben des Regenbogens?

Sch. Sie rühren von den Strahlen der Sonne her, die sich in den fallenden Tropfen des Regens brechen und so verschiedene Farben bilden.

L. Zugleich werden aber auch die Strahlen zurückgeworfen, und kommen nun mit den vielen, schönen Farben vor die Augen dessen, der den Bogen betrachtet. Oft sieht man über dem großen, schönen Regenbogen noch einen zweiten blassern, bei welchem die Farben in umgekehrter Ordnung auf einander folgen. Weißt du, wodurch dieser entsteht?

Sch. Dieser entsteht durch eine doppelte Brechung der Sonnenstrahlen in den Regentropfen.

L. Wann sind denn wohl die Farben des Regenbogens am schönsten?

Sch. Je dichter die Regentropfen fallen und je schwärzer die Wolke ist.

L. Wann kann man aber auch bei unbewölktem Himmel solche Regenbogenfarben zu sehen bekommen?

Sch. Wenn man beim Sonnenschein aus einer Feuerspritze einen Wasserstrahl mit großer Gewalt in die Höhe treibt, so daß das Wasser dunstähnlich gegen einen dunkeln Grund herabfällt.

L. Ganz recht. Aehnliches sieht man auch, wenn hinter uns die Sonne steht, bei Wasserfällen, wo das fallende Wasser sich in eine Menge Tropfen zertheilt; doch aber lange nicht so schön als in den fallenden Tropfen des Regens. — Regnet eine Wolke nicht aus allen Stellen, oder ist sie zu klein; so sieht man nur ein Stück von einem Regenbogen — und dies nennt man?

Sch. Regengalle oder Wassergalle.

L. Auch durch das Mondeslicht wird in unserer Atmosphäre ein Regenbogen, obwohl nur selten, hervorgebracht — und wie nennt man dann diesen Bogen?

Sch. Einen Mondsregenbogen (der jedoch sehr blaß ist und gemeiniglich nur weiße und gelbe Bogen bildet).

L. In der Bibel wird auch etwas vom Regenbogen erzählt. Schlaget auf 1 Buch Mose, Kapitel 9, Vers 12—17. Zu welchem Zeichen sollte Noah den Regenbogen haben?

Sch. Zum Bundeszeichen, daß keine Sündfluth mehr das Menschengeschlecht vertilgen sollte.

L. Welche schöne Worte sprach der Ewige dabei? (1 B. Mose 8, 22.)

Sch. „So lange die Erde steht, soll nicht aufhören Samen und Aernte, Frost und Hitze, Sommer und Winter, Tag und Nacht."

L. Und ist diese Zusage des Wahrhaftigen bis auf den heutigen Tag erfüllt worden?

Sch. Ja; denn es hat noch nicht der Wechsel der Jahres- und Tageszeiten aufgehört.

L. Möchte daher jeder fromme Christ an diese Worte des immer gütigen Gottes denken, und mit seligem Vertrauen zu seinem Schöpfer und Erhalter erfüllt werden, so oft er den farbigen Bogen erblickt! — — Wenn Abends ein brennendes Licht in einer mit wässerigen Dünsten angefüllten Stube oder Brauerei oder Badestube u. dgl. steht, was bemerkt ihr da um das Licht?

Sch. Einen weißlichten Kreis; dieselbe Erscheinung bemerkt man auch um die Straßenlaternen, wenn bei starkem Nebel Lichter in denselben brennen.

L. Ganz recht. Wodurch entsteht denn aber dieser weißlichte Kreis?

Sch. Durch die Brechung der Lichtstrahlen in den Dünsten.

L. Nun seht: ist unsre Atmosphäre mit vielen wässerigen Dünsten angefüllt, so ist auch die Sonne oder der Mond meist mit einem ähnlichen, seltner mit einem farbigen Kreise umgeben. Wie pflegt man denn solche weißlichte Kreise um Sonne und Mond zu nennen?

Sch. Höfe.

L. Kannst du mir nun sagen, was diese Höfe sind?

Sch. Sie sind verdichtete, wässerige Dünste, in welchen sich die Sonnenstrahlen oder das Mondeslicht bricht.

L. Warum bilden denn aber diese Lichtstrahlen einen Kreis?

Sch. Weil sie von einem runden Körper ausgehen.

L. Was zeigen diese Höfe gewöhnlich an?

Sch. Regenwetter.

L. Das trifft auch meist ein — warum wohl?

Sch. Weil die in der Luft schwebenden Dünste, wenn sie nicht vom Winde vertrieben werden, leicht in Tropfen zusammenfließen und ihrer Schwere wegen zur Erde fallen.

L. Wenn die Sonnenstrahlen zwischen Ritzen dunkler Wolken durchfallen, so erleuchten sie auch nur die leichten Dünste gewisser Luftstriche, und bilden dadurch lichte Streifen, die aus den Wolken nach der Erde herablaufen. Weißt du, wie man diese Erscheinung, welche übrigens nur in den Morgen- und Abendstunden gesehen wird, nennt?

Sch. Das Wasserziehen der Sonne.

L. Ja, so nennt man sie, weil Unwissende glauben, die Sonne ziehe das Wasser der Wolken an sich. Wäre das aber der Fall, wie müßte man dann die Sonnenstrahlen, welche durch eine kleine Oeffnung in ein Zimmer fallen und den darin schwebenden Staub beleuchten, nennen?

Sch. Staubziehen der Sonne.

L. Daß aber die Sonnenstrahlen weder den Staub, noch das Wasser an sich zu ziehen vermögen, ist euch gewiß nun einleuchtend. — Zuweilen, jedoch sehr selten, sieht man zwei oder auch mehre Sonnen oder Monde zugleich am Himmel, und wie nennt man dann die, welche außer der wahren Sonne, oder dem wahren Monde erscheinen?

Sch. Nebensonnen und Nebenmonde.

L. So sahe man einst des Morgens um 11 Uhr in der Gegend von Danzig auf einmal 7 Sonnen am Himmel; also außer der wirklichen noch 6 Nebensonnen, von welchen drei in einem regenbogenähnlichen Kreise, der die wirkliche Sonne umgab, mit einem hellen, weißen Schweife glänzten. Von den andern drei Sonnen stand eine im Westen, eine im Osten und eine im Norden.

Sch. Was sind denn aber eigentlich die Nebensonnen und Nebenmonde?

L. Sie sind nur Bilder der Sonne oder des Mondes, welche in den Dünsten unserer Atmosphäre wie in einem Spiegel zurückgeworfen werden. Einige Naturkundige sagen, diese Dünste wären in der obern kalten Luft gefroren, bildeten eine Menge kleiner Eisnadeln, und so gleichsam einen großen Eisspiegel, welcher das Bild der Sonne und des Mondes zurück werfe. — Wenn nun manche Menschen diese Lufterscheinung sehen, so erschrecken sie, und denken wohl gar, die Welt gehe unter.

Sch. So etwas können aber doch wohl nur abergläubische Menschen glauben.

L. Allerdings; denn ist es wohl möglich, sich vor dergleichen Erscheinungen zu fürchten, wenn man sie so nach ihrer Beschaffenheit kennen gelernt hat?

Sch. Nein; es geht ja alles natürlich zu.

L. Darum merket euch noch den Spruch: Jerem. 10, V. 2 und folgenden Vers:

Fern sei von mir die Furcht,
O Gott! vor deinen Zeichen!
Sie mögen schrecklich sein;
Doch will ich nicht abweichen
Von dem Vertrau'n auf dich,
Auf dich, der du uns liebst,
Und was geschehen soll,
Auch ohne Zeichen giebst.

Dies wäre denn das Wichtigste und für euch Faßlichste aus der Naturlehre. Je mehr ihr davon euch aneignet und in eurem Gedächtnisse bewahrt, desto größer wird der vielfältige Nutzen für euch sein, den die Kenntniß von den Kräften und Erscheinungen der Natur dem Menschen gewährt: ihr werdet von so vielen thörichten Einbildungen des Aberglaubens frei bleiben; hauptsächlich aber werdet ihr aus allen solchen Naturereignissen immer mehr die Allmacht, Weisheit und unversiegbare Güte des Schöpfers erkennen lernen. Ja, Kinder! groß, über alle menschliche Begriffe groß und erhaben ist Gott, von dem und durch den alle Dinge sind, dessen Ehre die Himmel erzählen, welchen Sonnenschein und Sturm predigen, dessen Gnade und Liebe für seine Geschöpfe alle Morgen neu ist. — Ihm sei daher auch von uns, seinen Kindern, unausgesetzt Ehre, Preis, Dank und Anbetung in Ewigkeit. Lernet und beherziget das schöne Lied:

Von dem Staub, den ich bewohne,
Blick' ich auf zu deinem Throne,
Unermeßlich großer Gott!
Du gebotst der Welt zu werden,
Und sie ward auf dein Gebot.
Groß und viel sind deine Werke,
Wunderbar und schön sind sie.
Deine Güte, deine Stärke,

Deine Weisheit preis't der Erden
Und der Himmel Harmonie.

Wer entdecket ihre Menge,
Misset ihres Abstands Länge,
Und berechnet ihren Lauf?
Wo sind deiner Herrschaft Grenzen?
Wo beginnt, wo hört sie auf?
Zahl, Gedank' und Wort verschwinden
In dem grenzenlosen Raum;
Unsre kühnsten Schlüsse finden,
Wo die fernsten Sonnen glänzen,
Deines Reiches Anfang kaum.

Und auf jeder Erde wohnen
Der Geschöpfe Millionen;
Alle wurden, Gott, durch dich;
Alle danken dir ihr Leben;
Alle freuen deiner sich.
Du nur zählest ihre Heere,
Du nur kennest, was du schufst.
Dir gehorchen Stürm' und Meere,
Und der Welten Gründe beben
Und zertrümmern, wenn du rufst.

Dank und Preis und Ehre bringen
Deine Werke dir, und singen
Alle deine Gütigkeit;
Der uns schuf, der ist die Liebe,
Ist's und bleibt's in Ewigkeit.
Dasein gab er uns und Leben,
Leben und Zufriedenheit;
Gab es und wird's ferner geben,
Der uns schuf, der ist die Liebe;
Ist's und bleibt's in Ewigkeit.

Töne laut, mein Lied, und menge
Dich in diese Lobgesänge!
Groß, unendlich groß ist Gott!
Rühmt's im Himmel, rühmt's auf Erden:
Groß, unendlich groß ist Gott!
Er befahl, da ward's, da ronnen
Welten hin aus seiner Hand,
Erde, Monde, Sterne, Sonnen,
Zahllos, wie der Staub auf Erden,
Zahllos, wie am Meer der Sand.

Töne laut, mein Lied, verstärke
Diesen Jubel seiner Werke!
Liebe, lauter Lieb' ist Gott!
Rühmt's im Himmel, rühmt's auf Erden:
Liebe, lauter Lieb' ist Gott!
Er befahl, da ward's, und Leben
Floß in Strömen vor ihm her!
Laßt uns seine Lieb' erheben,

Ihr Lebendigen auf Erden,
In den Lüften und im Meer.

Töne laut, mein Lied, erschalle,
Daß die Feste wiederhalle:
Unaussprechlich weis' ist Gott!
Rühmt's im Himmel, rühmt's auf Erden:
Unaussprechlich weis' ist Gott!
Er befahl, da ward's vollkommen,
Schön und herrlich stand es da!
Preiset alle seine Frommen,
Ihr im Himmel, wie auf Erden,
Den allweisen Jehovah!

Zugabe.

Lehrreiches und Nützliches für Jedermann.

1. Denksprüche.

Bist du mit zwei Händen zu helfen im Stand,
So hilf nicht nur mit einer Hand.

O, der Reichthum macht es nicht,
Daß wir glücklich leben;
Gutes Herz, erfüllte Pflicht
Kann nur Frieden geben.

Wer einen Menschen zum Guten bewegt,
Der hat ein groß' Kapital angelegt.

Redlich sei des Herzens Grund,
Redlich spreche auch der Mund.

Bleibe gern allein, mach' dich nicht gemein,
Halt dich gesund und rein, willst du geehret sein.

Gewonnen mit Schand'
Geht schnell von der Hand;
Gewonnen mit Ehr'
Wird immer mehr.

Wenn du Geld ausborgst, so gut es auch sei,
Wenn du's zurückforderst, wird es Blei.

Ein Strauß legt ein großes Ei
Und schweigt dabei;
Hühner legen kleine Eier,
Und sind dennoch große Schreier.

Die schlechteste Entschuldigung führst du an,
Sagst du: ein Anderer hat's auch gethan.

Ordnung lerne, sie gefällt,
Und ersparet Müh' und Geld.

Wer wenig Bedürfnisse kennt und keinen Neid,
Der kommt mit einem Rubel weit.

Zu viel hat oft Einer,
Aber genug hat Keiner.

Glaub' denen nicht, die nach Ausreden haschen,
Wer sauber ist, darf sich nicht waschen.

Wer viel Handwerke kann,
Wird zuletzt ein armer Mann.

Seid voll Verträglichkeit, ihr Schwestern und ihr Brüder,
Die Eintracht baut das Haus, die Zwietracht reißt es nieder.

Achte weniger auf das Wissen,
Als auf ein gut' Gewissen.

Wer mit dem Kopf will oben hinaus,
Thut vielen Schaden und richtet wenig aus.

Neben Glück und Ehr' geht der Neid einher.

Dankbar sein, bricht kein Bein.

Wer dankbar ist für eine That,
Der mehr noch zu erwarten hat.

Ein krummer Baum ist auch kein Schaden,
Trägt oft mehr Früchte, als die graden.

Das gute Meinen,
Macht viele Leute weinen.

Scheint oft ein Mann schwach und gering,
Gott wirkt durch ihn doch große Ding'.

Mancher hat gebaut ein Haus,
Und muß der erste selbst hinaus.

Freund in der Noth, Freund im Tod,
Freund hinter'm Rücken, sind drei starke Brücken.

Arbeit, Zwang und Lehr'
Bringen Kinder zu Nutz' und Ehr'.

Thu nur das Recht in deinen Sachen,
Das Andre wird sich von selbsten machen.

Wer sich vermißt, was er nicht weiß,
Der hat nur Spott zu seinem Preis.

Der Frosch hüpft wieder in den Pfuhl,
Und säß er auch auf einem goldnen Stuhl.

Mancher verkauft seinen Rauch so theuer,
Als ein Anderer sein Feuer.

Muth und Glück sind Mann und Stab,
Sie steigen mit einander auf und ab.

Viele haben vor Gesetzen wenig Respekt,
Wenn nicht der Prügel dabei steckt.

Sag nie: „Das soll gewiß gescheh'n!"
Bedenk', du kannst für gar nichts steh'n.

Gehorsam, der aus Furcht entsteht,
Ist ein Knecht, der bald zum Henker geht.

Wer Honig will sammeln und Rosen will brechen,
Muß leiden, daß Bienen und Dornen ihn stechen.

Wo Faulheit einreißt in einem Haus,
Da fallen die Balken von selber hinaus.

Anfangs ist ein Ding oft recht,
Aber die Folgen machen's schlecht.

Festigkeit in allen Dingen
Wird gewiß zum Ziele bringen.

Schlag' lieber etwas freundlich ab,
Als daß du mürrisch reichst die Gab'.

Eigner Herd ist Goldes werth;
Ist er gleich arm, ist er doch warm.

Am meisten hat oft der gefehlt,
Der allzu eigensinnig wählt.

Lieber ein kleines Unrecht gelitten,
Als vor Gericht darüber gestritten.

Geh', red' und handle recht; dann scheu' nicht Droh'n und Spott,
Die Bosheit sorgt für sich, und für die Unschuld Gott.

Wenn zu dir kommt ein fremder Gast,
So setz' ihm vor, so gut du's hast;
Ist er ein Mann von treu Geblüt,
Nimmt er mit Käs' und Brod vorlieb;
Und ist er von dem Widerspiel*),
So ist auch dieses noch zu viel.

Die Freundschaft, die der Wein gemacht,
Wirkt, wie der Wein, nur eine Nacht.

Bettelbrod ist bitt're Noth;
Diebesbrod bringt Galgentod,
Aber Arbeit segnet Gott!

Wer nicht kann viel tragen, viel wohlthun, viel vergeben,
Versteht die Weisheit nicht und nicht die Kunst zu leben.

Was man nicht ändern kann,
Das muß ein weiser Mann
Mit Gleichmuth, ohne Klagen
Ertragen.

Mit Gott fang' an, mit Gott hör' auf;
Dies ist der schönste Lebenslauf.

Die Erde ist ein Himmel, wenn man Frieden sucht, recht thut und wenig wünscht.

Der reichste Geizhals besitzt kein Vermögen, das Vermögen besitzt ihn.

Die Tugend ist der sicherste Kompaß für jeden Menschen.

Nichts edler auf Erden wird gefunden, als: treu von Herzen und still vom Munde.

Wer seines Unglücks Last für unerträglich hält, betrachte Andere und lerne so Geduld.

Die Biene schaffet keinen Honig, so lange sie auf den Blumen ruht.

Schamröthe ist nach dem Morgen- und Abendroth das schönste Roth in der Welt.

Trägheit schleicht so langsam einher, daß die Armuth sie bald einholt.

*) Gegentheil.

Arbeit und Plage — das Erb- und Steingut für alle, die Adam zum Vater und Eva zur Mutter haben.

Wer viele Bedürfnisse hat, der genießt am wenigsten; wer aber mit dem Wenigen zufrieden ist, der genießt am meisten.

Schimpfworte mit Schimpfworten erwiedern, heißt schwarzes Pech mit schwarzem Peche waschen.

Wer nichts lernen will, als was er zum Brode braucht, der erniedriget den künftigen Engel zur Acker- und Dreschmaschine.

Die Sünde geht mit Lachen ein und mit Weinen aus.

Wie dem Kranken kein goldenes Bette hilft, so hilft auch keine große Erbschaft dem Verschwender.

Wer des Augenblickes nicht achtet, wird Tage wegwerfen.

Besser sind die Früchte der Werke, als die Blätter der Worte.

Wer aus Eitelkeit Gutes thut, der thut zwar Gutes, aber er ist nicht gut, — er gleicht einem dürren Baume, an dem man eine schöne Frucht angebunden hat.

Wo die Leidenschaft zur Hausthüre eingeht, da geht die Vernunft hinaus.

Der besiegt und fesselt seine Feinde, der vergessen und vergeben kann.

Die Zunge giebt den Verstand zu erkennen, gleichwie die Leichtigkeit oder Schwere einer Nuß, ob ein Kern darin ist.

Bete, als wenn Gott Alles allein thun müßte, ohne dich; arbeite, als wenn du Alles allein thun müßtest, ohne Gott.

Gute Sprüche, weise Lehren,
Muß man üben, nicht nur hören.

---

2. Heilsamer Rath des Vaters Oswald für Alle, welche ihre Geschäfte glücklich betreiben und ihre zeitlichen Verhältnisse verbessern wollen.

Es war einmal an einem Orte eine öffentliche Versteigerung. Eine Menge Menschen hatten sich dabei versammelt. Es war noch etwas früh; die Leute sprachen von schlechten Zeiten, und einer davon wandte sich an einen alten, dem Ansehen nach wohlhabenden Manne mit grauen Haaren. „Und Ihr, Vater Oswald, was sagt Ihr zu der jetzigen Zeit? Glaubt Ihr nicht auch, daß die schweren Abgaben das Land ganz aussaugen werden? Denn wie ist es möglich, sie zu erschwingen, und was meint Ihr, daß man thun soll?“ Vater Oswald dachte eine Weile nach, und erwiederte sodann: „Mein guter Rath steht euch und zwar in aller Kürze zu Diensten; denn ein Wort ist für den Weisen genug.“ Alle Anwesenden drangen in ihn, er möchte sprechen. Man trat in einen Kreis um ihn, und er hub also an:

„Liebe Freunde und gute Nachbarn! Die Abgaben sind allerdings schwer, allein wenn wir sonst keine, als die an die Obrigkeit zu zahlen hätten, so wollten wir wohl fertig werden. Wir haben aber noch ganz andere, die uns viel schwerer fallen. Unsere Faulheit z. B. nimmt uns zweimal mehr ab, als die Obrigkeit; unsere Eitelkeit dreimal, und unsere Thorheit viermal mehr. Von diesen Abgaben kann uns kein Landesabgeordneter, weder ganz noch halb, befreien; indeß ist noch nicht Alles verloren, wenn wir nur gutem Rathe folgen; denn wie der arme Richard in seinem Kalender vom Jahre 1733 sagt: „Gott hilft denen, die sich selbst helfen."

„Ueber eine Regierung, die das Volk den zehnten Theil seiner Zeit zu frohnen zwänge, würde Jedermann schreien; aber die Faulheit nimmt den Meisten unter uns noch weit mehr weg. Rechnet einmal die Zeit, die ihr im gänzlichen Müssiggange, das heißt mit Nichtsthun, oder in Zerstreuungen, die eben nicht weiter führen, zubringt, und ihr werdet finden, daß ich Recht habe. Der Müssiggang führt Krankheiten herbei und verkürzt nothwendiger Weise unser Leben, weil er uns schwächlich macht. Müssiggang ist ein Rost, der weit mehr angreift, als selbst die Arbeit; denn der Schlüssel, den man oft braucht, ist immer blank. Liebst du aber dein Leben, so verschwende die Zeit nicht; denn sie ist das Zeug, aus dem das Leben gemacht ist. Wie viel verlieren wir nicht allein dadurch, daß wir länger schlafen, als nöthig wäre, ohne zu bedenken, daß der schlafende Fuchs kein Huhn fängt, und daß wir im Grabe lange genug schlafen werden. Ist die Zeit das Kostbarste unter allen Dingen, so ist Verschwendung der Zeit die größte unter allen Verschwendungen; denn verlorne Zeit läßt sich nicht wiederfinden, und was wir Zeit genug nennen, reicht am Ende selten zu. Wohlan denn, laßt uns die Hände regen, so lange wir noch Kräfte haben. Faulheit macht alles schwer, der Fleiß alles leicht. Wer spät aufsteht, wird nie fertig, und eh' er recht an die Arbeit kommt, ist die Nacht schon wieder da. Die Trägheit schleicht so langsam, daß die Armuth sie bald einholt. Treibe dein Geschäft, damit dein Geschäft dich nicht treibt. Zeitig in's Bette und zeitig aus dem Bette, macht den Menschen gesund, reich und weise — sagt der arme Richard."

„Was hilft es, bessere Zeiten zu wünschen und zu hoffen? Aendert euch nur selbst, so werden sich die Zeiten auch ändern. Fleiß hat nicht nöthig zu wünschen. Wer sich mit Hoffnungen nährt, läuft Gefahr, Hungers zu sterben. Ohne Mühe hat man nichts. Ich helfe mir mit meinen Händen fort, weil ich kein Land habe, sagt der arme Richard, und wenn ich welches habe, so greife ich selbst mit an, weil große Abgaben darauf liegen. Wer ein Handwerk hat, der hat ein Vermögen, und wer Kopf hat, der hat ein einträgliches Ehrenamt. Man treibe aber auch sein Handwerk und brauche seinen Kopf, sonst reicht Vermögen und Amt nicht hin, unsere Abgaben zu bezahlen. Wer arbeiten will, der findet immer Brod; dem fleißigen Manne guckt der Hunger wohl in das Haus, hinein aber darf er nicht. Auch die Gerichtsdiener kommen nicht über seine Schwelle; denn Emsigkeit bezahlt die Schulden, aber die Muthlosigkeit vermehrt sie. Hast du gleich keinen Schatz gefunden, hat kein reicher Vetter dich zum Erben eingesetzt; so ist doch der Fleiß des Glückes Mutter, und dem Fleißigen schenkt Gott Alles. Bestelle dein Feld, wenn der Faule schläft, so wirst du Korn zu verkaufen und zum Aufschütten haben. Arbeite heute, denn du kannst nicht wissen, was dich morgen abhält. Ein Heute ist mehr werth als zwei Morgen; darum verschiebe nie bis morgen, was du heute thun kannst. Wenn du bei einem guten Herrn dienest, würdest du dich nicht schämen, wenn er dich müssig anträfe? Nun bist du aber dein eigener Herr, so schäme dich vor dir selbst, müssig zu gehen, da es so viel für dich, dein Haus, dein Vaterland und deinen Fürsten zu thun giebt. Greife die Arbeit rüstig an, und bedenke stets: daß die Katze in Handschuhen keine Mäuse fängt. Freilich giebt es in der Welt viel zu thun, und vielleicht hast du von Natur zarte Hände; aber nur muthig zum ersten Versuche, und es wird mit jedem Tage besser gehen. Dringt nicht am Ende der Regen selbst in Marmor ein? Nagt eine Maus mit Fleiß und Geduld nicht ein Schiffsseil entzwei? Fällt nicht unter wiederholten Streichen die stärkste Eiche?"

„Mich dünkt, ich höre einige unter euch sagen: So soll man sich gar keinen guten Tag machen? Ich antworte: Wende deine Zeit wohl an, wenn du Ruhe verdienen willst, und verliere keine Stunde, weil du in keiner Minute sicher bist. Muße heißt eine Zeit, worin man etwas Nützliches verrichten kann. Der Fleißige wird diese Muße finden, aber der Träge nie; denn ein Leben voll guter Muße und ein müssiges Leben sind sehr verschiedene Dinge. Mancher möchte, ohne zu arbeiten, gern von seinem Witze leben; er kommt aber selten weit damit. Arbeit hingegen schafft Bequemlichkeit, Ueberfluß und Achtung. Fliehe die Ergötzungen und sie werden dich verfolgen. Die fleißige Spinne hat ein großes Netz, und seitdem ich eine Kuh und ein Paar Schafe habe, wünscht mir jeder einen guten Morgen, bemerkt der arme Richard sehr richtig."

„Aber selbst Fleiß allein thut es nicht, wir müssen auch beständig, nicht fahrlässig noch sorglos sein, wir müssen selbst ein Auge auf unsere Sachen haben, und uns nicht zu viel auf andere verlassen. Denn ein Baum, der oft umgesetzt wird, und eine Familie, die oft auszieht, gedeihen weniger als die, welche auf ihrem Platze bleiben. Dreimal ausziehen ist so schlimm, als einmal abbrennen. Verlaß deine Werkstatt nicht, so wird deine Werkstatt dich auch nicht verlassen. Willst du eine Sache gut ausgerichtet haben, so gehe selbst; wo nicht, so schicke nur darnach. Wer durch den Pflug reich werden will, muß ihn selbst anfassen oder antreiben. Das Auge des Herrn fördert mehr, als seine beiden Hände. Mangel an Sorgfalt schadet mehr, als Mangel an Einsicht. Wer nicht über seine Taglöhner wacht, der läßt ihnen den Beutel offen. Zu viel Vertrauen auf Andere, hat manchen unglücklich gemacht; in dieser bösen Welt täuscht Mißtrauen weniger, als Zutrauen. Für sich selbst sorgen, hat Keinen gereut; denn willst du einen treuen und angenehmen Diener haben, so diene dir selbst. Eine kleine Vernachlässigung kann großes Unheil anrichten. Weil ein Nagel fehlte, ging der Huf verloren, aus Mangel des Hufs das Pferd, und aus Mangel des Pferdes der Reiter; der Feind holte ihn ein, und brachte ihn um, was nicht geschehen wäre, wenn er nach den Nägeln am Hufe gesehen hätte."

„So viel, liebe Freunde! vom Fleiß und der Achtsamkeit auf unsere Geschäfte. Zu diesen beiden Dingen muß noch etwas, **Mäßigkeit**, hinzukommen. Wer nicht eben so gut zu sparen, als zu verdienen weiß, der kann sich zu Tode arbeiten, ohne einen Kopeken zu hinterlassen. Eine fette Küche macht ein mageres Testament. Wie gewonnen, so zerronnen, heißt es von manchem schönen Thaler, seitdem unsere Weiber über den Thee das Nähen und Stricken, und wir Männer über den Wein und Branntwein den Spaten und Hammer vergessen haben."

„Willst du reich werden, so lerne nicht allein erwerben,

sondern auch sparen. Amerika hat Spanien nicht reich gemacht, denn seine Ausgaben übersteigen immer seine Einnahmen.“

„Schränkt euren thörichten Luxus*) ein, so dürft ihr nicht über schwere Zeiten, drückende Abgaben und großen Aufwand im Hause klagen; denn Wein und Weiber, Spiel und Betrug schmelzen das Vermögen und vermehren die Bedürfnisse. Ein einziges Laster kostet so viel zu unterhalten, daß man zwei Kinder davon ernähren könnte. Ihr glaubt vielleicht, ein Gläschen Branntwein, ein Leckerbißchen, etwas schönere Kleider, dann und wann eine Lustparthie haben so viel nicht auf sich; aber erinnert euch, was der arme Richard sagt: Viele Wenig machen ein Viel. — Nehmt euch vor kleinen Ausgaben in Acht. Ein kleiner Leck versenkt ein großes Schiff. Ein leckerer Gaumen führt zum Bettelstabe. Narren bezahlen die Schüsseln, und die klugen Leute verzehren sie.“

„Ihr habt euch hier zu einer öffentlichen Versteigerung von allerlei Kaufmannsgut und Galanteriewaaren**) versammelt. Ihr nennt diese Dinge Güter, aber wenn ihr nicht auf eurer Hut seid, so werden sie für einige unter euch zu Uebeln werden. Ihr denkt, sie werden wohlfeil, vielleicht weit unter ihrem Werthe weggegeben; allein wenn ihr sie nicht nothwendig braucht, so werdet ihr sie auf jeden Fall zu theuer bezahlen. Denkt an das, was der arme Richard sagt: Kaufe nur, was du nicht nöthig hast, so wirst du bald das Nöthige verkaufen müssen. Viele haben sich bloß durch ihr wohlfeiles Einkaufen zu Grunde gerichtet. Bedenke dich immer ein wenig, ehe du einen guten Handel eingehst. Der Vortheil desselben ist oft bloß scheinbar, der Kauf kann, indem er dich von deinem Gewerbe abzieht, dir im Grunde unendlich mehr Schaden als Gewinn bringen. O, es ist eine große Thorheit, die Reue theuer zu bezahlen, und gleichwohl wird diese Thorheit täglich in Versteigerungen begangen, weil man nicht an den Kalender denkt. Der Weise wird durch fremden Schaden klug, ein Narr kaum durch seinen eigenen. Ich kenne Leute, die um eine schöne Halskrause gern fasten,

*) Aller entbehrliche Aufwand, den man nur zum Vergnügen oder zur Bequemlichkeit macht, wie z. B. Pracht in der Kleidung ꝛc.

**) Putz oder Zierrathen, welche zur Mode und feinen Lebensart gehören.

und ihren eigenen Kindern das Brod entziehen. Scharlach und Seide, Sammt und Atlas löschen das Feuer in der Küche aus. Weit entfernt, Bedürfnisse zu sein, gehören sie kaum unter die Bequemlichkeiten des Lebens, man wünscht sie, bloß weil sie in's Auge fallen. So sind die künstlichen Bedürfnisse der Menschen zahlreicher geworden, als ihre natürlichen, und so gerathen reiche Leute in Armuth, und müssen oft von denen borgen, die sie sonst kaum über die Achsel ansahen, die sich aber durch Sparsamkeit und Fleiß im Wohlstand erhielten. Daraus erhellt klar, daß ein Bauer auf seinen Füßen größer ist, als ein Edelmann auf den Knieen. Mancher, der am meisten klagt, hatte ein artiges Vermögen geerbt, er vergaß aber, wie er dazu gekommen, und dachte: nun ist es helle, und wird nicht wieder dunkel. Eine so geringe Ausgabe von einem Vermögen, wie das meinige, kommt in Betracht; aber wenn man immer aus dem Mehlfasse nimmt und nichts wieder hineinfüllt, kommt man bald auf den Boden, und wenn der Brunnen trocken worden ist, schätzt man erst das Wasser. Liebe Freunde! wollt ihr wissen, was das Geld werth ist, so geht hin und borgt welches. Sorgen folgt auf Borgen, sagt der arme Richard. Nicht besser geht's denen, die gewissen Leuten borgen, wenn sie ihr Geld zurück verlangen. Der arme Richard giebt einen sehr guten Rath, wenn er sagt: der kindische Geschmack an Putzwerk ist eine gefährliche Thorheit. Ehe du eine Grille befriedigst, sieh nach deinem Beutel. Eitelkeit ist eine eben so zudringliche Bettlerinn, als Armuth, und noch weit unverschämter. Hast du ein schönes Stück gekauft, so mußt du noch zehn dazu kaufen, damit die ganze Ausstaffirung zusammen paßt; denn es ist leichter, dem ersten Gelüste zu widerstehen, als allen folgenden, und der Arme, der dem Reichen nachäfft, ist eben so lächerlich, als der Frosch, der sich aufblies, um so groß zu werden, wie der Stier. Große Schiffe können etwas wagen, kleine Fahrzeuge müssen sich am Ufer halten. Thorheiten dieser Art folgt die Strafe auf dem Fuße nach. Der arme Richard sagt: Wer Eitlkeit zum Mittagessen hat, bekommt Verachtung zum Abendbrod; oder der Stolz frühstückt mit dem Ueberfluß, speist zu Mittage mit der Armuth, und ißt des Abends mit der Schande. Und wozu nützt am Ende der leere Schein, für den man so viel wagt, so viel leidet? Er erhält weder die Gesundheit, noch befreit er von Krankheiten. Im Gegentheil, statt den Werth eines Menschen zu erhöhen, erweckt er Neid und beschleunigt den Verfall."

„Welche Thorheit also, solcher entbehrlichen Dinge wegen Schulden zu machen! Es ist wahr, man braucht erst nach sechs Monaten zu bezahlen; das hat vielleicht manchen von uns hieher gelockt, der keinen Groschen in der Tasche hat. Es ist freilich sehr bequem, ohne Geld zu kaufen, aber bedenkt, was es heißt, sich in Schulden zu stecken: Ihr gebt Andern ein Recht über eure Freiheit. Könnt ihr zur gesetzten Frist nicht bezahlen, so werdet ihr euch schämen, wenn euer Gläubiger euch begegnet. Ihr werdet zittern, wenn ihr mit ihm sprecht, und elende Entschuldigungen herstammeln. Nach und nach werdet ihr Treu und Glauben und die Scham selbst verlieren, und euch durch grobe und niederträchtige Lügen entehren. Denn Lügen ist die zweite Stufe des Unrechts, so wie Schuldenmachen die erste. Schulden lassen die Lügen hinter sich aufsitzen. Ein freier Mann sollte jedem Menschen unerschrocken in's Gesicht sehen können; Armuth aber raubt Selbstgefühl und Tugend. Ein leerer Sack steht nicht gut aufrecht, sagt der arme Richard."

„Was würdet ihr von einem Fürsten oder einer Regierung denken, die bei Gefängnißstrafe auferlegte, euch wie Personen vom Stande zu kleiden? Würdet ihr nicht sagen: ihr hättet das Recht, euch nach eurem Belieben zu kleiden, und ein solcher Befehl könne nicht angenommen werden? Gleichwohl thut ihr geradezu das Nämliche, und unterwerfet euch selbst einem Machtgebote, wenn ihr des Kleiderstaats wegen euch in Schulden steckt. Euer Gläubiger hat das Recht, sobald es ihm gefällt, euch um eure Freiheit zu bringen. Wenn ihr nicht im Stande seid zu zahlen, kann er euch in ein Gefängniß sperren und zeitlebens darin sitzen lassen. Als ihr den Kauf schlosset, dachtet ihr vielleicht wenig an die Bezahlung; Gläubiger aber haben ein besseres Gedächtniß, als Schuldner. Die Gläubiger sind Tagwähler, und geben genau auf Termin und Verfallzeit Acht. Der Zahlungstag bricht an, ehe ihr noch aufgewacht seid, und die Schuldforderung ist da, ehe ihr zur Befriedigung Anstalt gemacht habt. Oder denkt ihr auch daran, so wird euch doch der Termin, der erst so lang schien, fürchterlich kurz vorkommen; ihr werdet glauben, die Zeit habe zu ihren Flügeln an den Achseln, auch noch Flügel an die Fersen bekommen. Der hat kurze Fasten, der Geld schuldig ist, das zu Ostern bezahlt werden soll. Vielleicht seid ihr eben jetzt in Umständen, daß ihr eine kleine Thorheit begehen könnt, ohne dafür zu büßen; allein legt etwas für das Alter und für Nothfälle zurück: denn die Morgenröthe währet nicht den ganzen Tag. Der Verdienst kann von kurzer Dauer und ungewiß sein, die Ausgaben aber sind gewiß, und dauern, so lange ihr lebt. Man kann leichter zwei Herde bauen, als auf einem immer Feuer unterhalten. Gehe lieber ohne Abendbrod zu Bette, als daß du mit Schulden aufstehst. Erwirb, so viel du kannst, und halte zu Rathe, was du erworben hast. Das ist das echte Geheimniß, Blei in Gold zu verwandeln. Wer diesen Stein der Weisen besitzt, der wird nicht länger über schlechte Zeiten oder drückende Abgaben klagen."

„So, meine Freunde! lauten die Lehren der Vernunft und Klugheit. Doch dürft ihr euch nicht allein auf euren Fleiß, eure Sparsamkeit und Wachsamkeit verlassen. So vortreffliche Dinge das sind, so werden sie euch doch ohne den Segen des Himmels wenig helfen. Bittet deßhalb demüthig um diesen Segen, und seid nicht hart gegen den, der desselben entbehrt, sondern springt ihm hilfreich bei. Bedenkt, daß Hiob litt und doch hernach gesegnet wurde."

„Zum Schluß: Erfahrung hält eine theure Schule, es ist aber die einzige, in der Thoren etwas lernen. Denn einen guten Rath kann man wohl geben, aber nicht eine gute Aufführung. Wer sich nicht rathen läßt, dem ist auch nicht zu helfen. Und: wer nicht hören will, der muß fühlen."

Also redete Vater Oswald. Das Volk hörete ihm aufmerksam zu, billigte seine weisen Lehren, und ersuchte ihn, dieselben mit dem künftigen Jahre in den Kalender einrücken zu lassen, damit sie zur allgemeinen Kenntniß kommen, und einem Jeden nützlich werden möchten.

Noch einige goldene Sprüche vom Vater Oswald.

Oswald hatte mehre Kinder, welchen er das Beste, was ein Vater seinen Kindern auf Erden geben kann, wirklich zu geben suchte. Er erzog nämlich alle in der Furcht Gottes, welche der Anfang aller wahren Weisheit ist. Zwei davon hatten sich bereits entschlossen, ihre eigene Haushaltung zu führen. Diesen wollte der Vater zu dem Ende einige besondere Lebensregeln mit auf den Weg geben, damit sie sich, wenn sie nicht mehr bei ihm wären, durch die treue Befolgung derselben glücklich machen möchten.

Einst an einem Sonntage, als Oswald von der Kirche nach Hause kam, setzte er sich auf den Stuhl am Tische. Auch zwei von seinen erwachsenen Kindern waren in der Stube und saßen oben am Tische. Da fing der Vater aus tief bewegtem Herzen zu reden an, und sprach: „Meine lieben Kinder! ihr habt heute aus dem Munde unsers guten Predigers gehört, wie unaussprechlich viel an Gottes Segen gelegen sei, und was man thun müsse, um desselben würdig zu werden. Mich hat die heutige Predigt mächtig angesprochen, und auch auf euch wird sie, wie ich glaube, einen tiefen Eindruck gemacht haben. Und gerade ist es auch das, was ich auf dem Herzen habe, und so gern in eure Herzen hineinlegen möchte; denn ich kenne nichts Besseres für eure künftige Haushaltung, als Gottes Segen. Diesen Segen wünsche ich euch vor allem, und er wird mit euch sein, wenn ihr euch desselben würdig zu machen suchet. Darum will ich euch noch einige der wichtigsten Lehren mittheilen, die ihr im Gedächtniß und Herzen treu bewahren sollet. Ich habe mich jederzeit wohl dabei befunden. Das erste Mal, da ihr sie verachtet, machet ihr den Anfang zu eurem Unglücke."

1) Vertrauet auf Gott, und gehet fleißig im Gebete mit ihm um. Es muß kein Tag vorübergehen, da ihr nicht wenigstens einmal recht inbrünstig und andächtig mit euerm himmlischen Vater redet; aber einsam und ganz in der Stille. Wer das thut, der wird fromm und gut werden; wird sich gegen alle Menschen liebreich benehmen; wird nie im Unglücke verzagen. Besuchet den öffentlichen Gottesdienst fleißig, und gebet hierdurch jedem Menschen ein gutes Beispiel; glaubet aber nicht, daß damit schon Alles abgethan sei. Auch in eurem Hause müsset ihr stets bei Gott wohnen.

2) Fanget, wenn ihr euer eigenes Hauswesen führen werdet, nicht zu hoch an. Das ist ein Unglück für neue Haushaltungen, wenn sie vornehm und bequem anfangen. Dann wollen sie es so fortsetzen, und es geht am Ende über ihre Kräfte. Wer klein anfängt, kann groß aufhören; wer groß anfängt, kann wohl kleiner, selten größer werden. Die Jugend kann leicht entbehren, denn sie hat Kraft in sich; die alten Jahre brauchen aber Nachhilfe von außen her. Wer klein anfängt, von dem fordert man wenig; wer vornehm thut, von dem verlangt

man Vornehmes. Theures Hausgeräth, schöne Kleider neben einem leeren Geldsack sind ein vergoldetes Kreuz über dem Grabe des häuslichen Wohlstandes. Es macht mehr Ehre, wenig scheinen und viel sein, als wenig sein und viel scheinen. — So lernt denn von der ersten Stunde an, mit Wenigem vorlieb nehmen, und viel zurück legen. Nur der ist reich, der weniger braucht, als er hat.

3) Die Hauptartikel der Haushaltung sind Geld, Zeit und Gesundheit. Vor dem Gelde zieht man den Hut ab. Wer aber seine Zeit verschwendet, verliert das Geld, das er hat und haben könnte. Wer aber seine Gesundheit nicht in Acht nimmt, der verliert am Ende Zeit und Geld zusammen. Darum hütet euch vor dem Krankwerden. Der grade Weg zur Apotheke und zum Doktor heißt Unmäßigkeit in Arbeit und Ruh', in Freud' und Leid, in Speis' und Trank.

4) Arbeit erwirbt nur halbes, und Sparen nur halbes Vermögen; aber Arbeit und Sparen erwirbt ganzes Vermögen. Einerlei Arbeit bringt gleichen Lohn; aber bessere Arbeit bessern Lohn. Wer nicht bei der Arbeit täglich etwas Neues lernt, um sie vollkommner zu machen, der bringt es nicht weiter. Der Kopf muß denken, wenn die Hände schaffen. Der Stier am Pfluge arbeitet auch, aber denkt nicht, bleibt immer ein Stier und immer am Heu. Eitel ist des Mannes That, hält die Hausfrau nichts zu Rath. Die Frau kann in der Schürze mehr aus dem Hause tragen, als der Mann mit dem Wagen hinein führen. Darum muß man kleine Ausgaben mehr scheuen, als die großen; denn die großen kommen selten, und bei denselben rechnet man; die kleinen kommen aber alle Tage, und man rechnet dabei nicht immer. Wer den Pfennig nicht in Ehren hält, gelangt nicht zum Thaler.

5) Ordnung im Hause ist schon halbes Sparen. Ordnung im Hause ist das beste Wahrzeichen einer rechten Hausfrau. Wo jedes Geschäft seine bestimmte Zeit, jede Sache ihren bestimmten Platz hat; wo in Stube, Küche und Stall keine Unreinlichkeit, an Kleidern kein Loch und Schmutz ist, da verwandeln sich nach Jahresfrist die rothen Kupferpfennige in Dukaten. Was man sauber hält, bewahrt sich lange; wo im Kleinen geflickt und ausgebessert wird, giebt's keinen großen Schaden. Unreinlichkeit ist die ärgste Verschwenderinn.

6) In jedem guten Hause sollen drei Groschen

sein. Diese drei Groschen heißen: der Zehr- und der Noth- und der Ehrengroschen. — Der Zehrgroschen ist für die tägliche Ausgabe. Gebt aber nie den letzten aus; ihr wisset nicht, welches Unvorhergesehene eintritt. Der Nothgroschen muß für den Nothfall daliegen; aber tastet ihn nicht ungezwungen an. Wer ihn ohne Noth verthut, dem kommt die Noth folgenden Tags zur Hausthüre herein. Der Ehrengroschen ist ein köstlich Gut; man muß ihn haben, wenn Ehre und Anständigkeit eine Ausgabe fordern. Die Achtung der Menschen erwirbt Liebe und Vertrauen. Credit ist mehr werth, als Geld, und ein Ehrenmann mehr, als ein Geldmann.

7) Gute Nachbarn helfen uns sparen. Wer gute Nachbarschaft hält, hat gute Wächter für sein Haus. — Dienet den Nachbarn, wo ihr könnet, aber sprechet sie selten oder nie um Dienste an, so bleiben sie eure Schuldner. Wenn des Nachbars Haus brennt, so gilt's euch auch. Machet böse Nachbarn durch unveränderliche Güte freundlich; aber mit freundlichen Nachbarn werdet nie allzu vertraulich, so bleiben beide gut. — Fraget nie, worin der Nachbar mehr Aufwand treibt, als ihr, sondern worin er spart. Sehet nie dem Nachbar durch's Fenster; aber lebet so, als wären eure Mauern durchsichtig.

8) Kaufet nichts, was ihr nicht gleich zahlen könnet. Kaufen und Borgen macht hintennach Sorgen! Wer Waaren nimmt, ohne gleich zu zahlen, muß dem Kaufmanne Zins vom Geld und Schreiberlohn geben, ohne es zu erfahren, und ist am Ende des Jahres mehr schuldig, als er wußte. Richtige Rechnung erhält gute Freundschaft. Wer Zinsen zahlen muß, hat täglich unsichtbare Gäste am Tische, die mit aus der Schüssel essen.

9) Kaufet für die Haushaltung, wo es irgend geht, im Ganzen ein, nicht bloß, was ihr für den Tag brauchet. Denn wer auf eine Zeit Vorrath kauft, hat an seiner Waare den vollen Gewinn des Krämers und Hausirers. Wer im Ganzen einkauft und nicht lothweis, erhält bessere Waare wohlfeiler, zumal, wenn er die Zeit niedriger Preise benutzt. Wer Vorrath für ein halbes Jahr hat, muß damit hausen, als für ein ganzes Jahr. Wer das nicht kann, der muß sich durch Kaufleute und Krämer bevogten lassen, die ihm täglich mit Elle und Loth zumessen. Arme Leute werden durch das Einzelnkaufen ärmer, und reiche Leute durch im Vorrathkaufen reicher.

10) **Leihet selten, und werdet niemals Bürgen für Andere.** Leihen macht Freunde, Wiederfordern Feinde. Leihet selten, und nur dann, wenn ihr eure Leute wohl kennet. Habt in Geldsachen lieber mit Fremden, als mit Verwandten und Freunden zu schaffen. Denn jene werdet ihr euch zu Freunden machen können, diese aber nur am Ende zu Feinden. — Schenket lieber etwas, als daß ihr Bürge werdet. Die Bürgen thut man würgen, wenn's an's Zahlen geht. Die Bürgschaft kostet anfangs nur ein leichtes Wort, zuletzt das ganze Vermögen. Durch Bürgschafts-Verpflichtungen sah ich schon gute Haushaltungen und ganze Gemeinden bettelarm werden.

11) **Wer für die Freude außer dem Hause wenig zahlt, zu dem kehrt sie unentgeldlich ein.** Nichts ist wohlfeiler, als das Vergnügen. Ein altes und wahres Sprichwort sagt: „Wer will haben gut' Gemach, der bleibe unter seinem Dach." Nicht die Freude ist theuer, sondern Spiel und Uebermaß im Essen und Trinken. Wer draußen gern groß thut, muß daheim klein thun. Wer gern außer dem Hause Geld verthut, ist nicht sein eigener Herr, sondern steht in fremder Leute Dienst. Er arbeitet nie für eigene Rechnung, sondern er arbeitet täglich für die Wirthe.

12) **Wer Glück im Hause haben will, muß nichts dem Glück überlassen.** Was ihr erwerbet und ersparet, das habt ihr gewiß; was ihr vom Glück **erwartet**, das steht ihr im Begriff zu **verlieren**. Wer sein Glück nicht selbst macht, dem macht's Keiner. Ein baarer Thaler im Sack ist besser, als ein Lotterieloos mit Hoffnung auf tausend Thaler. Es spielen sich eher zehn arm, als einer reich. Prozesse sind auch Glücksspiele. Glaubet mir, ein Verlust bei freundschaftlichem Vergleich ist vortheilhafter, als der Gewinn aus einem großen Prozeß.

13) **Wenn sich die Einnahme mehrt, so vergrößert nie eure Ausgabe; denn ihr könnet die Ausabe nicht leicht verkleinern.** Das ist für Haushaltungen die gefährlichste Zeit, wenn sie mit einem Mal eine große Summe empfangen; denn da wird allerlei Gelüste rege. Also schnell das Geld aus dem Hause; Schulden abbezahlt, oder die Baarschaft auf Zinsen gelegt! Aus dem Auge, aus dem Sinn! Man widersteht der Versuchung am allerbesten, wenn man sie vermeidet. Was man nicht mehr hat, giebt man nicht mehr weg. Geld am Zins macht

den Bettler zum Prinz. Man kann das Geld alle Tage gebrauchen, aber nicht alle Tage haben. Darum habt es alle Tage, so könnt ihr's, wenn es sein muß, alle Tage gebrauchen.

Also sprach Vater Oswald zu seinen Kindern, die im Begriffe waren, eine eigene Haushaltung anzufangen. Hätte er ihnen wohl ein schöneres Vermächtniß hinterlassen können? — Und verdient es nicht auch eine Stelle in dem Naturfreunde, damit es unsere Kinder schauen, und sich daran spiegeln mögen, wenn sie groß und erwachsen sind? Wohl ihnen, wenn sie dann in den späteren Tagen ihres Lebens diese goldene Lehren treu befolgen; dann werden sie auch den unvergleichlichen Werth derselben an sich reichlich erfahren, und sich des göttlichen Segens würdig machen.

Inhaltsverzeichniß.

Siebente Unterredung.

Achte Unterredung.

Neunte Unterredung.

Zehnte Unterredung.

Elfte Unterredung.

Zwölfte Unterredung.

Dreizehnte Unterredung.

Vierzehnte Unterredung.

Funfzehnte Unterredung.

Zugabe.

Zu Seite 26.

Tabelle über die Planeten.

Namen der Planeten.	Größen-Verhältniß hinsichtlich ihres Umfanges in geogr. Meilen.	Entfernung von der Sonne in geogr. Meilen.	Dauer ihres Umlaufs um die Sonne.				
			Jahre.	Tage.	Stunden.	Minuten.	Secunden.
Merkur . .	1909	8,073747	—	87	23	15	44
Venus . .	5270	15,086520	—	224	16	49	10
Erde . . .	5400	20,612810	1	—	5	48	48
Mars . .	3159	31,812792	1	321	22	18	31
Vesta . . .	232	49,319050	3	225	—	—	—
Juno . . .	972	55,628847	4	131	10	30	—
Ceres . . .	1106	57,719789	4	220	13	4	—
Pallas . .	1429	57,751975	4	221	15	35	—
Jupiter . .	61174	108,495777	11	314	20	39	—
Saturn . .	54517	198,984136	29	166	2	—	—
Uranus . .	24317	400,000000	83	266	9	—	—

(Aus der mathematischen Geographie von Dr. Karl Schmidt entlehnt.)

Kolibri 360 GmbH
Ferdinand-Jühlke-Straße 7
99095 Erfurt, Deutschland
produktsicherheit@kolibri360.de